儿童心理

建设与成长

白小萍◎著

中国书籍出版社
China Book Press

图书在版编目 (CIP) 数据

儿童心理建设与成长 / 白小萍著 . –– 北京 : 中国
书籍出版社 , 2022.11

ISBN 978–7–5068–9303–9

Ⅰ . ①儿… Ⅱ . ①白… Ⅲ . ①儿童心理学②儿童教育
－家庭教育 Ⅳ . ① B844.1 ② G782

中国版本图书馆 CIP 数据核字（2022）第 213348 号

儿童心理建设与成长

白小萍 著

责任编辑	张 娟 成晓春	
责任印制	孙马飞 马 芝	
封面设计	马静静	
出版发行	中国书籍出版社	
地 址	北京市丰台区三路居路 97 号 (邮编：100073)	
电 话	（010）52257143（总编室） （010）52257140（发行部）	
电子邮箱	eo@chinabp.com.cn	
经 销	全国新华书店	
印 厂	三河市德贤弘印务有限公司	
开 本	710 毫米 ×1000 毫米 1/16	
字 数	155 千字	
印 张	14	
版 次	2023 年 3 月第 1 版	
印 次	2023 年 3 月第 1 次印刷	
书 号	ISBN 978–7–5068–9303–9	
定 价	56.00 元	

前　　言

儿童的内心世界是丰富多彩的，如果我们不了解孩子内心的真实想法，又如何能与孩子和谐相处，如何陪伴孩子健康成长呢？

了解孩子的内心世界是父母科学教养孩子的重要前提，父母只有读懂孩子的心理需求，才能给予孩子正确的帮助和引导，孩子也才能健康快乐成长。

本书为你展示孩子丰富多彩的内心世界，让你真正读懂孩子。

首先，本书带你走进孩子的内心世界，帮你分析和梳理孩子在成长中面临的各种问题，教你如何缓解孩子的焦虑情绪，如何帮助孩子戒掉虚荣、攀比等不良习惯，读懂孩子的内心。

其次，本书指导你如何正向教养孩子，使你发现孩子的闪光点，激发孩子的潜能，培养孩子良好的品格，锻炼孩子的逆商，发展孩子的学习力，让孩子拥有更加精彩和美好的未来。

最后，本书让你认识原生家庭对孩子的重要性，并邀请你共创良好的家庭环境，引导你高质量地陪伴孩子，增进亲子关系，促进孩子健康成长。

本书内容丰富、系统全面，读来轻松自如，使你真正走进孩子的内心世界、促进孩子的心理建设与成长。书中特别设置"教养智慧"和"心灵寄语"两个栏目，为你更好地教养孩子提供指引。

全面洞察孩子心理，方能助力孩子健康成长。阅读本书，相信你一定能更加了解孩子，收获科学的教养方法，陪伴孩子健康快乐地成长。

作者

2022 年 10 月

目　　录

第一章

读懂孩子的内心世界

每个孩子都有丰富的内心世界，这个世界是孩子主观意识的体现，是独一无二的。

父母想要走进孩子的内心世界，需要了解孩子的想法，理解孩子的行为，让孩子对自己敞开心扉。

父母还要与孩子一同成长，为孩子提供积极的、正面的引导，帮助孩子建立积极向上的人生观和价值观。

孩子的内心远比我们想象中丰富得多

孩子的内心世界丰富而美好，这里装载着五彩缤纷的梦和奇妙的想法，宛如一本糖果色的书，编织着童年的欢乐。爱孩子，就要对孩子内心世界的丰富性有充分的认识，走进孩子的内心世界。

孩子的内心世界是五彩斑斓的

每个孩子的内心都有一个自己的"小世界"，这个世界里藏着孩子的各种情感，开心、难过、兴奋……这些不同的情感犹如五彩斑斓的气球，飘荡在"小世界"的各个角落。

随着情感体验的不断增多，孩子对世界的认识也会更加深入。在孩子认识世界的过程中，会产生各种各样的想法，这些想法或简单，或奇异，让孩子的内心世界更加丰富。

随着认知水平的提高，孩子的想法会更加独立，对事物有自己独特的见解。这些见解，无论对错，都是孩子内心世界的一部分，从中可以窥见孩子独特而有趣的内心世界。

父母想要读懂孩子的内心世界，首先要走进孩子的内心世界，接受孩子的各种想法和行为，耐心回答孩子千奇百怪的问题，让孩子的内心世界保持斑斓的色彩。

孩子的认知会随着成长不断改变

皮亚杰的认知发展理论指出，2—7岁的孩子处于前运算阶段，这时的孩子已经可以通过一些形象来认识世界、理解世界了。这就说明，孩子的自我认知是从小就有的，而其内心世界也是从小就开始构建的。

在孩子的成长过程中，其内心的情感也会越来越丰富。孩子会对父母产生依恋情绪，会逐渐意识到自我的存在。进而，孩子就会产生自己的想法，并想要将自己的想法付诸实践。这是孩子自我认知的开始，也是孩子构建内心世界的开始。

当孩子开始思考一些问题的时候，其内心世界就会逐渐丰富。随着时间的推移，孩子逐渐长大，开始读书，开始深入认识世界和这世界上的一些规则，其个人思想就会进入迅速发展的阶段。这时，其内心世界就会开始变化，不断有新的想法、新的认知填充进去，而父母也就无法通过孩子的言行举止完全了解孩子了。

有些父母会发现，从前和自己无话不谈的孩子变了，变得沉默，变得独立。而有的父母甚至不知道自己的孩子是从什么时候开始发生改变的，也不知道孩子发生改变的原因是什么。

其实，孩子的这些变化是成长规律的一种正常体现。大部分孩子最初的教育都来自父母、来自家庭，所以在学龄前阶段，对父母的依赖性会很大。但当孩子开始上学，社交关系就会变得丰富起来。朋友、同学、老师……孩子在处理这些不同的社交关系时，逐渐学会了独立思考。孩子的独立性增强了，应对困难的能力也得到了提高，也就不会将所有的事情都告诉父母。

所以，父母想要读懂孩子，首先要明白的一点就是，孩子的内心远比父母所了解的丰富得多。此时，父母需要承认孩子内心世界的丰富性，给孩子适当的发展空间，在不影响孩子正常人格养成的前提下，尊重孩子的想法，让孩子保持独立性。这也是父母对孩子内心世界的保护，能够让孩子在健康的家庭环境中茁壮成长。

父母为什么不懂孩子的心

很多父母表示不懂孩子的心，这并不是因为孩子的内心世界有多复杂，而是因为父母忽视了对孩子的陪伴与交流。所以，父母想要读懂孩子的心，就要更多地陪伴孩子、关爱孩子，平等地和孩子对话。

父母忽视了对孩子的陪伴与交流

随着人们生活水平的提高，一些父母越来越关心孩子的生活质量，为了给孩子提供优渥的生活条件，他们整日忙于工作，陪伴孩子的时间很少，与孩子之间的交流更是少得可怜。当然，这些父母的出发点是好的，良好的生活条件的确有利于孩子的成长，但也不能只关注孩子的物质生活，而忽视精神生活。

如果父母缺席了孩子的成长，孩子就只能自我成长。这样看似孩子的独立性增加了，但实际上是缺乏安全感的。在自我成长的过程中，孩子的自我保护意识会增强，个人边界感更重。随着孩子年龄的增长，其对父母的依赖程度就会逐渐减少，与父母之间的亲密感也会降低。

孩子在成长过程中，需要父母的教导。父母的陪伴和交流，是孩子健康成长的养分，能够帮助孩子形成正确的人生观、价值观。所以，父母对孩子的关心不能只停留在物质层面，更应当深入精神层面。父母要试着了解孩子的兴趣爱好，了解孩子的想法，掌握孩子的心理健康状况。

父母不能忽视对孩子的陪伴与交流，要跟上孩子的思想变化，才能真正地读懂孩子的心。

孩子将父母关在了心门之外

父母无法读懂孩子的内心，一个重要的原因是孩子将父母关在了心门之外。

通常，父母太过强势就会让孩子产生畏惧心理，不愿与父母交流。很多父母在与孩子进行互动时，会不自觉地表现得强势、具有权威性，认为这样便于教育孩子，让孩子听话。更有甚者，会直接强迫孩子做他们不喜欢、不愿意做的事情，还认为自己这样做是为孩子好。殊不知，父母的强势只会让孩子心生怨念，甚至产生逆反心理，进而疏远父母。

小明的妈妈觉得学习音乐可以锻炼孩子的专注力，还能陶冶情操，所以让小明去学钢琴。但是小明对学习钢琴没有兴趣，在学习过程中非常"痛苦"，因而不愿意继续学习钢琴。

当小明将自己的想法告诉妈妈时，妈妈非常强硬地拒绝了，并且加长了小明练习钢琴的时间，认为这样能够培养小明对钢琴的兴趣。但事实上，小明的学习效果并不理想。这让小明的妈妈非常失望，认为小明并不能够理解她的苦心。小明也很苦恼，认为妈妈过于强势，根本不知道他想要的是什么。

从此以后，小明和妈妈之间的交流就逐渐减少了，小明也不再主动和妈妈分享学校的趣事了。

这就是父母过于强势的后果。父母不能因为孩子年纪小，就强迫孩子听话，逼孩子做自己不喜欢的事情。

孩子虽然年纪小，却有自己的想法和主张。父母在让孩子做事情之前，要先和孩子商量，了解孩子的想法。如果孩子不愿意做某件事，父母也不能一味强迫孩子，这样只会和孩子产生隔阂。久而久之，孩子就会将父母关在心门之外，不愿意将真实想法告诉父母了。

耐心一点，通过观察了解孩子的心情

孩子的心情往往是多变的，而且极易受到外界的影响。父母要特别注意孩子的心情变化，平时要耐心地观察孩子，通过细致入微的观察来了解孩子的心情，读懂孩子的心理。

首先，父母要学会观察孩子的面部表情，通过孩子的表情变化来了解孩子的心情。比如孩子皱起了眉头，噘起了小嘴，可能是觉得委屈；孩子紧闭双眼，咬紧牙关，可能是觉得害怕、不安。

其次，父母还可以通过孩子的语调变化、肢体动作来了解孩子的心情。比如，孩子做起了鬼脸，此刻的心情可能比较愉悦、放松；孩子垂头丧气，说话声音低沉无力，此刻的心情可能是失落、沮丧的。

当孩子长大后，心情会变得更为复杂，表达心情的行为（包括面部表情变化、言谈举止变化等）也会更加细节化。

比如，当父母和孩子沟通时，孩子低头不说话，可能是不认同父母的观点。当父母做事时，孩子总是来"捣乱"，可能是想通过这种方式引起父母的注意。父母要细心观察孩子的行为变化，了解孩子内心真实的想法。

同一种行为的背后，可能潜藏着孩子的不同情绪。比如，当孩子和父母分别时，会用哭来表达不舍；孩子摔倒后，会用哭来表达痛苦；孩子觉得自己被冷落了，也会用哭来表达委屈的心情。因此，父母一定要耐心观察和体会孩子的行为，识别孩子行为背后深层次的心理原因。

有时，孩子的一些奇怪或异常的行为举止，正是他们心情异常的表现。父母要能够及时发现孩子的异常举动，并帮助孩子调节心情变化，使其保持积极乐观的心情。

孩子长久保持沉默，或者不愿意和父母说话，可能是遇到了困难或受到了批评，心情低落；孩子乱涂乱画，可能是心情烦躁；孩子总是和父母顶嘴，反驳父母的观点，可能是在发泄负面情绪。对此，父母要注意到孩子的反常表现，并积极和孩子沟通，了解孩子产生异常举动的原因，及时帮助孩子解决困难、调节心情，避免负面情绪长久地影响孩子，导致孩子逐渐消沉。

总之，父母要有耐心，平时多细心观察孩子，了解孩子的心情。毕竟孩子尚处于成长阶段，心智还不够成熟，有时不能以成熟的方式处理自己的情绪，如果父母感受不到孩子的心情变化，就无法真正读懂孩子，更无从帮助孩子及时调节心情、调整心态。

根据孩子不同的行为，及时做出回应

孩子的行为是一种无声的语言，传达了孩子的心声，父母要根据孩子不同的行为给出合适的回应，从而帮助孩子维持健康向上的心理状态。

●当孩子向父母说起自己的某些成就时，父母要积极配合、夸奖孩子，满足孩子的成就感。

●当孩子哭得很伤心，或垂头丧气，表现得很不开心时，父母要及时安慰孩子、鼓励孩子。

●当孩子默默一个人待在角落，显得很孤独无助时，父母要走上前去陪孩子聊天、玩耍，给孩子满满的安全感。

要知道性格只有不同，不分优劣

每个孩子的性格都有闪光之处，无优劣之分。父母要根据孩子的不同性格，为孩子的性格养成提供良好的家庭环境。

父母要接纳孩子的不同性格

很多父母都很重视孩子的性格养成，想要在孩子儿童时期就帮助其养成优质的性格，如开朗乐观、自信大方、善良真诚等。

孩子的性格是在其成长过程中逐渐形成的。孩子有自己的内心世界，其内心世界是多种多样、丰富多彩的，因而孩子的性格也是各有不同、独一无二的。

父母要学会接纳孩子的性格特点，顺应孩子的性格发展。如果孩子性格外向活泼，父母可以鼓励孩子大胆交友，多参与校园活动，勇敢展示自己；如果孩子的性格文静内敛，父母就要给孩子更大的成长空间，培养孩子的独立性。

如果父母觉得孩子性格不好，如太活泼好动或太内向文静，总是不接纳孩子的性格，对孩子诸多挑剔，渐渐地，孩子也会变得越来越不喜欢自己，乃至影响后续的性格发展。

总之，父母要接纳孩子的性格，并根据孩子自己的性格特点，采取有针对性的教养方式，帮助孩子养成健康的性格品质。

了解孩子性格的主要类型

根据性格心理学的观点，孩子的性格大体可以分为四类：表现型、领导型、思考型和亲切型。父母针对不同性格类型的孩子可以采取不同的教育方式。

❀ 表现型性格

表现型性格的孩子开朗活泼，天性好动，喜欢表现自己。这类孩子往往擅长社交，很容易融入集体，希望通过自己的表现获得大家的关注。

对于这类孩子，父母要尽量使用鼓励的方式，表扬孩子的长处，这会让孩子更加积极努力。同时，对于这类孩子，父母不能过于严苛，不能总是催促孩子，否则会增加孩子的压力，还可能会使他们产生逆反心理。

❀ 领导型性格

领导型性格的孩子的个人想法更多，也更有主见。领导型性格的孩子大多性情倔强，对自己决定的事情有坚持下去的决心。这类孩子往往是"孩子王"，是孩子中的领头人，喜欢发号施令，为大家出谋划策。

对于这类孩子，父母要尽量尊重他们的想法，给他们更多的成长空间。如父母可以引导孩子自己做出选择，让孩子掌握主动权。不过，父母不能采取放养的方式，让孩子决定所有的事情，否则可能会让孩子变得胆大任性，反而不利于孩子的发展。

父母要用适当的方式管教孩子，给孩子讲清楚规则与界限。这样，可以让孩子懂得遵守规则，不任性妄为。

❀ 思考型性格

思考型性格的孩子更加沉静，喜欢独处，很少主动参加社交活动。这类孩子的思维能力很强，有自己的思考与想法，在谈到自己喜欢的领域时，就会侃侃而谈，而平时很少表现自己，甚至有些沉默寡言。

有些父母会觉得这类孩子是内向的性格，但其实思考型孩子只是不喜欢表现自我，并非不会处理人际关系，所以父母大可不必过于担心，也不必强迫孩子进行社交。

对于这类孩子，父母要注重孩子的兴趣培养，因为这类孩子对自己喜欢的事情，往往有坚定的毅力，在做自己喜欢的事情时，也更加专注，有很大的进步空间。

同时，父母也要注意引导孩子，让孩子多表达自己的想法，与孩子进行沟通，这样能够帮助孩子提升语言表达能力，为孩子之后的发展打下良好基础。

亲切型性格

亲切型性格的孩子一般偏内向，不喜欢表达自我，大多数时候都是安静的。但这类孩子往往更加细心，做事也更有耐心。虽然不善于言辞，但有自己的想法。

父母在教育孩子时，要尽量用鼓励式的教育方式，对孩子要有耐心，在孩子做好事情之后，适当地提出表扬，这能够增加孩子的信心，让孩子更加自信。

同时，父母要避免用强硬的、命令式的口吻与孩子对话，这会让孩子不知所措，甚至产生自卑心理。这类孩子只是不善于表达自己，但其实有自己的想法和安排。父母要多引导孩子，让孩子讲出自己的观点，与孩子心平气和地交流。

教·养·智·慧

如何帮助孩子养成健康性格

父母要重视孩子的性格养成，并给予正向的引导，帮助孩子养成积极向上的性格。

●有针对性地进行教养，面对不同性格特点的孩子，采取不同的教育方式。

●与孩子约定规则，避免孩子在成长过程中出现原则性错误。

●尽量避免一直强调孩子的性格缺陷，如胆小、不爱说话等，这样会挫伤孩子的自尊心，让孩子产生自卑心理。

●给孩子成长的空间，尊重孩子正常的性格发展。

父母要和孩子一起成长

和孩子一起成长，这是父母需要用一生去完成的课题。父母只有和孩子一起成长，才能跟上孩子的变化，走进孩子的内心。

为什么要和孩子一起成长

儿童时期的孩子，正处于个人观念不断变化和形成的阶段。这一时期的孩子独立性和自主意识不断增强，随着眼界越发开阔，孩子的心智也不断成熟，脑海里的想法也越来越多。

如果父母在孩子飞速成长的时候不和孩子一起成长，渐渐地就会跟不上孩子的脚步，看不透孩子的内心世界，无法了解他真实的情绪、兴趣和不同成长阶段产生的不同需求。

如果父母多陪伴孩子，了解孩子的需求和想法，和孩子一起进步、同步发展，就能慢慢地走入孩子的内心世界，也就能深刻地理解孩子一举一动背后的心理状态。

如何才能和孩子一起成长

父母要用发展的眼光看待孩子的成长，尊重孩子的成长变化，与孩子一同成长。那么，父母如何才能和孩子一起成长呢？

❀ 和孩子共同学习，一起进步

有些父母常常叮嘱孩子要专心学习，不断充实自己，可自己却忘了与时俱进，失去了学习的热情。其实，父母除了要敦促孩子学习外，更不能放弃对自身的要求。唯有保持学习的劲头，不断丰富自身的知识储备，才能给孩子树立好的榜样，更好地引领孩子健康成长。

❀ 随着孩子的成长，更新教育方式

不同阶段的孩子有不同的发展特点，父母要根据孩子的成长变化，及时更新自己的教育观念，这样才能真正做到和孩子一起成长。

比如，儿童期的孩子身心发育不完全，有时候哪怕做一些很小的

事情也需要父母多做示范，积极带动孩子成长；而随着孩子逐渐长大，父母要渐渐学会放手，在大事小事上给予孩子更多的自主权。

　　总体而言，父母要耐心陪伴孩子成长，关注孩子成长的每个瞬间，了解孩子的心理变化，跟上孩子成长的脚步，和孩子一起成长和进步。

积极沟通，是打开孩子心灵的钥匙

沟通是父母走进孩子内心世界的桥梁。通过沟通，父母能够了解孩子的真实想法，帮助孩子解决问题。良好的沟通能够增加孩子对父母的信任，拉近孩子和父母的距离，使父母走进孩子的心灵世界。

倾听是沟通的前提

父母与孩子进行沟通，首先要学会倾听，倾听孩子内心的声音。

在倾听过程中，父母要有耐心，不能总是无故出言打断孩子的话。这会让孩子觉得父母并不想了解自己的真实想法，只是想让自己按照父母的要求做事。这样，孩子就会失去诉说的欲望，不再与父母进行沟通，或者在沟通中敷衍了事，觉得自己说了也没有用。

在孩子倾诉时，父母要给予一定的反馈，表示自己在认真倾听。如父母可以不时看向孩子，与孩子进行眼神交流，或在恰当的时候说出自己的观点，与孩子进行讨论。

这样，孩子才会觉得父母是想要了解自己的想法的，孩子在父母倾听的过程中感受到父母的真诚，孩子也会真诚相待，将自己内心的想法告诉父母。

这样沟通，引导孩子讲出内心的想法

父母要与孩子积极沟通，并善于引导孩子讲出真实的想法，从而了解孩子的内心世界。

✿ 提前做好"热身"

父母在与孩子进行沟通时，最好提前做好"热身"与铺垫，让孩子放松心情，自动打开话匣子。

比如，和孩子开个善意的玩笑。如"太阳公公托我向你问好""大树伯伯向你招手呢"，在轻松的气氛中，孩子更容易敞开心扉。

或者主动谈及孩子感兴趣的话题，吸引孩子的注意力，如"最近你的篮球打得越来越好了呢""老师昨天夸奖你什么了"，等等。

❀ 主动与孩子分享

想要让孩子敞开心扉，父母不妨主动和孩子分享自己此刻的心情、将最近遇到的新奇的事和孩子绘声绘色地描述一番，孩子受到感染，也很有可能主动说起自己的事。

父母还可以向孩子提及自己最近遇到的难题，让孩子帮忙出谋划策，这能有效拉近与孩子之间的心灵距离。

❀ 借助文字的方式交流

有的孩子过于内向或自我意识较强，比较不容易打开心扉，父母可以借助文字的方式与孩子交流，让孩子慢慢放下心防。比如给孩子写一封信，用情真意切的文字来打动孩子的心，让孩子主动打开心扉，欢迎父母进入自己的内心世界。

心灵寄语

　　孩子的内心世界复杂而多变，父母要尊重孩子的发展规律，顺应孩子的发展变化，采取合适的方式去对孩子进行教育。

　　孩子有自己的思想、观点和独特的个性，父母要仔细观察孩子的心情，接纳孩子的性格，陪伴孩子，和孩子一起成长和进步。

　　父母要尊重孩子，用平等的方式与孩子进行沟通，这样才能够走进孩子的内心，给孩子正确的教导。

第二章

与孩子一起面对成长中的问题

在孩子成长的过程中，总会出现各种各样的问题，如焦虑、爱攀比、做事拖延等，这令很多父母感到担忧。其实，只要处理得当，这些问题都能得到解决，大可不必忧心。父母需要做的就是引导孩子正确认识这些问题，找出克服这些问题的方法。与此同时，父母还要以身作则，通过言传身教，成为孩子前行路上的良好榜样，因为父母的一言一行对孩子的心理和行为产生着巨大的影响。

缓解孩子的焦虑情绪

孩子也会有烦恼，也会感到焦虑，如果焦虑过度，往往会显得紧张不安、闷闷不乐，有的孩子甚至会表现出较强的攻击性和逃避行为。对于父母而言，一定不能忽视孩子的焦虑情绪。

那么，孩子究竟为什么会焦虑呢？父母又该如何帮助孩子缓解焦虑情绪呢？

孩子为什么会焦虑

孩子产生焦虑情绪，可能是源于内因，如家庭内部的一些因素，也可能是源于外因，如外部环境的一些影响等。但总体而言可以总结为以下几点。

第一，父母给予的压力过大。很多父母对于孩子的期望值过高，盼着孩子事事领先他人、争拿第一，这份"期盼"在无形中给予了孩子很大压力，令孩子处于精神紧绷的状态，产生焦虑情绪。

第二，与父母、亲人的分离焦虑。有的孩子天生性格较为敏感，一旦与父母、亲人分开时，就会产生明显的焦虑情绪，患得患失，焦躁不安。

第三，在社会交往中遇到挫折。孩子也有社交的需要，如果孩子在人际交往中频频碰壁，心灵上难免会受到打击，因而产生焦虑情绪。

第四，学业压力过重。如果孩子学习任务太多、进步太慢，必须压抑活泼好动的天性，将几乎全部的时间与精力都放在学习上才能勉强跟得上同学的脚步，就很容易产生焦虑等负面情绪。

如何帮助孩子缓解焦虑情绪

在孩子陷入焦虑情绪的时候，父母要持续关注孩子的内心世界，不急不躁地为孩子分忧解难，帮助孩子走出焦虑阴影。

具体而言，父母这样做，可有效缓解孩子的焦虑情绪。

❀ 卸下自身的压力，多鼓励孩子

有的家长因为工作繁忙、生活压力大、对孩子期望过大而终日情绪紧张，这种负面情绪也会在无形中被传递给孩子。想要让孩子远离焦虑情绪的困扰，父母首先要卸下自身的压力，在孩子面前保持稳定的情绪，不给孩子提出过高的要求，不给孩子施加多余的心理负担，多鼓励孩子，这样才能引导和感染孩子，帮助孩子保持稳定的情绪状态，给予孩子安全感和自信心。

❋ 倾听孩子的心声，帮助孩子消解压力

想要抚平孩子内心的焦虑情绪，父母就一定要经常和孩子谈心，学会倾听孩子的心声，了解孩子的压力从何而来，并提出有效的建议，帮助孩子消解压力。

如果父母了解到孩子在人际交往方面具有不少困惑和压力，不妨和孩子谈谈自己小时候交朋友的经历，用自身经验告诉孩子在人际交往中遇到挫折是正常的，并且带领孩子一起思考怎样做才能突破人际交往的困局，成为小朋友中最受欢迎的人。

传授给孩子人际交往的技巧后，要和孩子一起在现实生活中多多实践。当父母帮助孩子突破人际交往的障碍后，孩子的焦虑情绪自然也会慢慢消失。

❋ 劳逸结合，适当进行户外运动

父母要帮助孩子安排好学习和休息的时间，做到劳逸结合，从而舒缓孩子的焦虑情绪，令孩子精力充沛地去应对学习和生活上的挑战。

另外，父母也可以带着孩子适当地进行户外运动，如爬山、游泳、打篮球、踢足球等。适当的户外运动不仅能帮助孩子增强体质，而且在接触大自然的过程中，孩子的心情也将变得愉悦、开阔。

适时戒掉孩子的虚荣心

人人都有虚荣心，孩子也不例外，在成长过程中也很容易受到这种不良心理的侵蚀。过度的虚荣心会严重影响孩子的身心健康，父母对此应格外警惕并及时帮助孩子戒掉虚荣心。

虚荣心的危害

适度的虚荣心一定程度上能激励孩子上进，而过强的虚荣心却会给孩子带来很多不必要的心理负担，影响孩子正常的学习、生活。

那么，孩子虚荣心太强，会有什么危害呢？

首先，会影响孩子的心理健康，让孩子变得自私。虚荣心强的孩子总是站在自己的角度上去看待周围的人或事物，久而久之就会养成以自我为中心的自私性格。

其次，会影响孩子的人际交往。孩子虚荣心强，在与其他小朋友交往的时候就喜欢出风头，动不动就炫耀自己。如果父母或老师夸奖其他孩子，虚荣心强的孩子就会不开心，甚至大发脾气，这样会使得其他孩子不敢与其交往，这自然会影响孩子正常的人际交往。

最后，会使孩子染上爱吹牛、说大话等不良习气。有的孩子为了满足自己的虚荣心，总是在其他孩子面前吹嘘自己，给自己套上一层假光环，还动不动就夸下海口，这些不良习气如果不及时更正，可能会影响孩子的一生。

面对孩子的虚荣心，父母应该怎么办

面对孩子过度的虚荣心，父母可以参考如下方法引导孩子走出虚荣心陷阱。

❀ 不将自己的虚荣心转嫁给孩子

有的父母喜欢在人前过分夸大孩子的长处，用给孩子施加虚假光环的方式满足自己的虚荣心。成长于这样的环境中，孩子的优越感提升了，虚荣心也随之产生并变强。

父母想要帮助孩子戒掉虚荣心，远离虚荣心的危害，首先自己就要放下那份虚荣心，不把孩子当作攀比的工具，而是与孩子一起正视自身存在的种种问题，积极去改正，共同去进步。

🌸 耐心引导孩子，帮助孩子树立正确的观念

孩子虚荣心太强，价值观就可能会产生偏差，过度沉迷于对物质条件的追求和享受。面对这种情况，父母一定要及时帮助孩子了解到虚荣心的危害，树立正确的观念，以更健康的心态面对接下来的挑战。

🌸 教育孩子要做个诚实的人

虚荣心强的孩子往往有着吹牛、说谎等不良习惯，对此，父母既要以身作则，成为孩子诚实的榜样，也要多和孩子积极讨论诚实、朴实等良好品德的重要性，培养孩子诚实守信的良好品质。

总之，父母要格外注意孩子的心理动态，一旦孩子显现出过度的虚荣心，就要及时进行引导，帮助孩子认清虚荣心的危害，并主动脱离其影响。引导的时候要讲究方式方法，令孩子心悦诚服地接受。

教养智慧

孩子虚荣心强的种种表现

孩子从适度的、正常的虚荣心过渡到强烈的、非正常的虚荣心，往往需要一个过程。而这一过程中，孩子通常有着各种表现，大致总结如下：

● 动不动就把炫耀的话挂在嘴边。

● 对别人的评价十分敏感，听到别人否定自己就会发脾气。

● 处处争强好胜，不甘落于人后。

● 对别人的优势、亮点会表现出嫉妒心。

● 十分爱面子，有时候会为了面子去说一些谎话。

● 行动力较差。

让孩子知道攀比之心不可有

大多数孩子或多或少都存在攀比心理，父母一定不能忽视这些行为，置之不理，因为过度的、非正常的攀比行为会影响孩子的健康成长。父母要及时、正确地加以引导，帮助孩子远离这块成长路上的绊脚石。

孩子的攀比心从何而来

生活中，有的孩子喜欢攀比吃的、喝的、玩的，有的喜欢攀比父母的职业、家庭条件等。过度的攀比心，很容易造成孩子心态失衡。想要帮助孩子远离攀比心，首先要了解孩子的攀比心从何而来。

第一，受身边环境的影响。如果孩子身边的人都过分注重金钱、喜欢攀比物质条件，就会给孩子带来不好的影响。

比如父母、亲人喜欢攀比谁的工作更体面，谁家的房子更大，社区里玩得较好的小伙伴喜欢攀比谁的零食、玩具更昂贵，班级里的同学喜欢攀比谁的书包更漂亮、穿的衣服更鲜亮，等等，这些不良示范会让孩子有样学样，也产生攀比心理，凡事都喜欢和人攀比。

第二，父母无条件的溺爱。父母从小溺爱孩子，面对孩子的任何要求都不拒绝，尽量想办法满足，久而久之就会让孩子产生一种错觉，好像自己想要的都能轻易得到。等到上学后，看到其他同学有的，自己也必须要有，其他同学没有的，就缠磨父母去买给自己，以此获得一种优越感，攀比心也愈演愈盛。

第三，孩子内心不自信，过分在意外表。有的孩子对外表十分敏感、重视，因为对自己的外貌不满意、不够自信，就不停地和与周围的人攀比穿戴，希望通过光鲜亮丽的外表去获得他人的喜欢、尊重和羡慕，以增强自信。

帮助孩子远离攀比心

面对孩子过度的攀比心，父母可以通过以下方法去帮助孩子端正心态、远离攀比心。

培养孩子正确的金钱观

很多孩子对于金钱的认识很模糊，不知道钱从何处而来、更没有体会过挣钱的艰辛，所以花起钱来大手大脚，喜欢和他人攀比。正因如此，父母要及早帮助孩子树立正确的金钱观。

比如，父母可以让孩子当一天家庭的"小主人"，安排家里的各项花销，这样能让孩子真实地了解家里的经济状况，培养孩子的责任心。或者让孩子通过做家务活的方式赚取一些零花钱去购买他想要的东西，让孩子明白挣钱的不易。这些都是培养孩子正确的金钱观的好办法，值得借鉴。

转移孩子的注意力，变攀比为向上的动力

面对孩子的攀比行为，有时候，父母不要简单粗暴地贬低孩子对物质条件的渴求，而要顺着孩子的思路去巧妙地转移其注意力。比如，当孩子攀比谁的零食更高价、衣服更大牌、玩具更昂贵时，父母不妨告诉孩子，可以比吃的、穿的、玩的，但应该比谁的吃的是自己亲手制作的或关于食品的知识，谁了解得更多，谁穿的衣服更美观大方，谁玩的玩具更独特有个性，等等。

父母还可以告诉孩子，攀比吃的、穿的、玩的只会获得一时的满足感，想要获得更高的成就感和价值感，不妨比谁上课时更认真听讲，谁的成绩进步更大，谁受到老师的赞扬更多，等等。

　　将攀比心化为向上的动力，当孩子尝试到收获的甜蜜后，原本空虚的内心也会被成就感填满。

　　另外，父母也要做好表率，并要用实际行动告诉孩子，攀比之心不可有，帮助孩子彻底远离非正常的攀比心。

用爱消除孩子的坏脾气

生活中，有的孩子动不动就发脾气，经常不分场合地尖叫、哭闹，甚至摔东西，这让很多父母苦恼不已。面对孩子的坏脾气，父母首先需要了解孩子发脾气背后的种种原因，再用爱去包裹孩子，消融孩子的负面情绪，让孩子的坏脾气消失于无形。

孩子的坏脾气里，究竟隐藏着什么

孩子动不动就发脾气，不要直接用一句"被宠坏了"去下定论，作为父母，要弄懂孩子这种行为背后隐藏的动机和想要表达的情绪，唯有如此，才能对孩子进行正确疏导。

孩子的坏脾气背后，可能隐藏着以下几种动机。

第一，发泄情绪、释放压力。孩子也有各种情绪和压力需要释放，但可能他们的语言表达能力不够成熟，无法像成人一样顺畅地表达自己的感受，所以只能靠发脾气的方式发泄和表达情绪。

第二，想要达到某种目的。孩子如果以往通过发脾气的方式达到了某些要求或心愿，日后一旦诉求没能得到满足就会感到不满，就会习惯性地用发脾气的方式去迫使父母妥协，来达到自己的目的。

第三，想要引起关注。孩子发脾气，有时候是因为受了父母的忽视和冷落，希望用这种方式去引起父母的关注，得到父母的重视。

施展爱的力量，引导孩子戒除坏脾气

父母想要帮助孩子脱离坏情绪的影响，就要施展爱的力量，耐心引导孩子逐步戒除坏脾气。

❀ 了解孩子发脾气的原因，安抚孩子

面对乱发脾气的孩子，父母千万不能以暴制暴，也用发脾气的方式去解决问题，这很有可能会引起孩子的抵触情绪。不妨温柔地与孩子对话，不急不躁地引导孩子说出自己的需求，了解孩子发脾气的原因。

有时候孩子发脾气是因为在陌生的环境或陌生人面前感到不安，有时候是因为之前受了委屈，一直在积压情绪，等等。父母在了解孩子内心的想法后，要及时安抚孩子，比如给孩子一个大大的拥抱，亲

亲孩子的脸颊等，给孩子满满的爱与安全感，孩子的情绪才能慢慢平复下来，坏脾气也一扫而空。

❀ 帮助孩子认识乱发脾气的坏处

父母平时要主动与孩子讨论乱发脾气的坏处，帮助孩子认清坏脾气可能引发的不良后果，引导孩子逐步脱离坏脾气的影响。

比如，陪孩子一起去读高质量的儿童情绪管理方面的绘本，通过绘本里那些有趣的故事来告诉孩子随便发脾气是不好的行为，并不时地与孩子互动，给孩子留下深刻的印象。

另外，父母还可以陪孩子玩一些"因为谁在发脾气，导致谁遭殃了"的小游戏，比如"因为太阳公公乱发脾气，导致河流和农田干涸了"……通过这样的小游戏帮助孩子认清乱发脾气的坏处，令孩子有意识地去控制、改正自己的行为。

❀ 不要一味妥协，要有原则和底线

用爱去消除孩子的坏脾气，指的并不是孩子一发脾气就无条件地哄孩子，孩子要求什么就答应什么，这其实是在纵容孩子的坏脾气。

当孩子通过发脾气的方式去要挟父母满足自己的愿望时，正确的做法是，先帮助孩子平复情绪，再不急不躁地和孩子讲道理，温和地告诉孩子哪种行为是对的，应该被赞扬和鼓励，哪种行为是错的，坚决不被允许。让孩子明白父母的底线在哪里，下次就不会乱发脾气。

教 养 智 慧

这样做，让孩子的情绪平复下来

在孩子发脾气的时候，可以尝试使用以下几种方法让孩子的情绪慢慢平复下来。

●放一些舒缓的音乐或节奏欢快的儿歌，吸引孩子的注意力。

●带孩子出去散散步，变换一下环境，能帮助孩子稳定情绪。

●拿出孩子喜欢的玩具，用玩具的口吻和孩子沟通，如"小主人，别生气了，有我陪着你呢！""为什么不开心，能和我说说吗？"

孩子缺乏耐心，可以这样"炼"

很多父母都抱怨自家孩子做事没耐心，凡事只有三分钟热度，只要遇到一点点困难就想放弃。

其实，父母想要培养孩子的耐心，就要先了解孩子缺乏耐心的原因，再对症下药地去帮助孩子"炼"出耐心。

孩子做事缺乏耐心的原因

相比成人而言，孩子注意力集中的时间更短，很容易被外界干扰而中断，因此做起事来缺乏耐心，容易急躁。除此以外，孩子耐心不够还与以下原因有关。

第一，父母的错误示范。孩子耐心不够，可能与父母平时做事总是缺乏耐心息息相关。父母做事情过于急躁或者三心二意，都会给孩子带来了不好的影响，令孩子也变得急躁起来。因此，父母平时就要十分注重自己的言行，给孩子做出良好表率。

第二，父母替孩子包办一切。有的父母嫌弃孩子做事慢或者溺爱孩子，干脆连穿衣、洗脸这样的小事都替孩子一手包办。时间久了，孩子便养成了事事依赖父母的坏习惯，做事缺乏耐心，遇到点困难便指望别人替他解决。

第三，频频受到外界的干扰。孩子的注意力很容易分散，如果总是受到外界的打扰注意力就变得越来越不容易聚焦。

比如，孩子本来正聚精会神地做作业或者做手工，父母却一会儿拍拍孩子的肩膀，给孩子端来一盘水果，一会儿在一旁高声说话、大笑，频频打断孩子的注意力。这样孩子注意力集中的时间也越来越短，做任何事都缺乏耐心。

帮助孩子"炼"出耐心

孩子做事总是缺乏耐心，父母可参考以下方法，帮助孩子逐步"炼"出耐心。

❀ 对孩子进行延迟满足训练

父母在日常生活中可结合具体情境去对孩子进行延迟满足训练，锻炼孩子的耐心。比如，当孩子要求父母给自己买冰激凌的时候，告诉孩子"如果现在就要的话，就只能得到一个冰激凌""如果这会儿乖乖表现，等到妈妈买完衣服后再去买冰激凌，就可以得到一个冰激凌和一包零食"，让孩子自己做选择。通过这样的方法，可以让孩子明白等待的意义。

❀ 给孩子设置小任务或通过游戏进行耐心训练

在日常生活中，父母可以给孩子设置一些小任务来激发孩子的行动力。比如让孩子做一些简单的、力所能及的家务活，等孩子完成后及时夸奖孩子，让孩子获得满满的成就感。

或者带着孩子玩一些训练耐心的小游戏，比如搭积木、拼图、下棋等，通过这些小游戏的磨炼，孩子的耐心也将会与日俱增。

❀ 和孩子一起种一株植物

父母可以和孩子一起种一棵植物，通过照料植物来帮助孩子锻炼耐心。在种下植物之前，父母可以先严肃地告诉孩子，种花种树都是长期行为，需要持续不断地观察照料，千万不能三天打鱼两天晒网。

平时也可与孩子一起记录种花种树过程中的点点滴滴，这能有效敦促孩子的行为，帮助孩子培养耐心，最终父母也能收获一本孩子的"成长日记"。

另外，当孩子专心致志地做一件事情的时候，父母要为孩子创造一个更安静、更利于集中注意力的环境，不要随意打断孩子的注意力，要让孩子尽情投入手头上的事情。

帮孩子改掉拖拖拉拉的小毛病

"你怎么老是磨磨蹭蹭的呢？""动作麻利点，大家都在等着你呢！"……瞧着自家孩子做事拖拖拉拉、慢慢吞吞的模样，很多父母"急火攻心"，不由自主地催促孩子。那么，孩子做事为什么总比别人慢半拍？如何帮助孩子远离拖延症？

孩子做事拖拉，问题出在哪里

孩子做事拖拉，首先是因为其在成长的过程中没有养成良好的生活习惯，导致做事条理性差、缺乏时间观念。

孩子对时间管理大多缺乏足够的认知，不经过科学引导，他们也不知道如何更有效率地安排、处理自己生活中的大小事，更不清楚守时的重要性，因此做事往往随心所欲，总比他人慢半拍。

其次，孩子做事拖拉与父母的过度催促有关。有的父母看不惯孩子磨磨蹭蹭，每当孩子稍微慢一点就一个劲地催促，给孩子造成巨大的压力，结果反而令孩子"越催越慢"。

有的个性敏感、天生慢性子的孩子甚至会在父母的催促下产生逃避的念头，做事的积极性和主动性大大降低。有的孩子个性较强，在父母的催促下会产生逆反心理，越是被催，就越是消极对抗，以此来发泄心中的不满。

另外，孩子做有些事不够积极、拖拖拉拉，还可能是因为他们对这些事情本身就不感兴趣，只是迫于父母的压力才不得不去做。孩子不乐意做，却不敢对父母直接说出内心的想法，只好通过拖拉的方式无声地表达自己的态度。

帮助孩子远离拖延症，养成好习惯

为了帮助孩子改掉做事磨蹭、拖拉的坏习惯，父母可以这样做：

第一，时不时和孩子来一场比赛，让孩子在竞争的氛围中快起来。比如，和孩子比谁起床时穿衣更快，谁收拾床铺更麻利、干净，在这一过程中，不停地夸奖孩子，给他更多的自豪感。如果孩子连续三天内穿衣、收拾床铺的时间一天比一天少，就奖励孩子一份小礼物，给孩子一个惊喜。

第二，让孩子化身"小老师"，为父母制定一份时间规划表，这能有效培养孩子的时间观念，锻炼孩子做事的条理性。

有时候，父母直接的训斥或滔滔不绝的教导会让孩子产生逆反心理，这时不妨这样处理——父母假装向孩子求助："帮帮我吧，我想看电视、玩手机，也想舒舒服服地洗澡、洗头，可是还需要做家务，怎么办？"然后和孩子一起分析、整理出做这些事情的先后顺序：应先做完家务再去洗澡洗头，然后看电视、玩手机。然后，父母可"央求"孩子帮自己制定一份时间规划表。父母的示弱、求助能有效激发孩子主动参与的兴趣，当孩子亲手制定时间表时，对时间的珍贵也将认识得越发清晰、深刻，做起事来便能更主动积极，也懂得如何去规划自己的时间。

第三，孩子做事拖拉，做父母的不能一味包容，有时候也可以略施惩戒，帮助孩子认识拖延症的危害，养成好习惯。比如，如果孩子做作业时不专心，磨磨蹭蹭，就适当地缩减其玩乐的时间以作惩罚，让孩子明白做事拖拉的后果。

需要注意的是，习惯的养成是一个长期的过程，父母在帮助孩子改正拖拉恶习、培养孩子珍惜时间的良好习惯的过程中要格外有耐心，对于孩子一点一滴的进步都要适时给予鼓励。

读懂孩子任性背后的心理

相信很多父母都为孩子的任性伤透脑筋。那么，孩子究竟为什么这么任性、不听话？父母一定要学会分析孩子任性背后的原因，帮助孩子改掉任性行为，从而促进孩子健康成长。

孩子为什么如此任性

孩子之所以变得任性，往往有着各种各样的原因，大致总结如下：

第一，因为自控力差，所以任性。相比成人而言，孩子身心发育不健全，很难有效控制自己的情绪和行为，当身边的人没有满足孩子的某种需求或没有按照孩子的意愿去做某件事的时候，孩子很可能会表现得极其任性、不听话。

第二，因为自我意识过强，所以任性。当孩子一天天长大的时候，他们的自我意识也变得越来越强，渴望被认同，这是正常的。然而，一旦孩子的自我意识过强，凡事都以自我为中心，就很容易养成其霸道任性的性格。

第三，因为父母的无条件纵容，所以任性。孩子任性与父母的纵容有很大关系。如果父母一味娇惯孩子，无条件地满足孩子不合理的要求，毫无底线地迁就孩子种种自私的行为，孩子犯了错也不及时管教，反而选择性地忽视且轻易原谅孩子，久而久之，孩子就会养成任性、蛮横无理的性格。

科学应对孩子的任性

孩子太任性，父母千万不要坐视不理甚至一味迁就，可以尝试通过以下方法来应对孩子的任性行为。

❀ 培养孩子的规则意识

在孩子成长的过程中父母要为孩子一点点树立规矩，培养孩子的规则意识，比如吃饭的时候应该做哪些事、不该做哪些事，在学校遵守哪些规则，平常做事绝对不能触碰哪些底线等。

需要注意的是，培养孩子的规则意识是一个循序渐进的过程，父母要依据具体的生活情景去为孩子一点点建立规矩，让孩子潜移默化地接受，而不要一次性地为孩子建立太多规矩，否则很容易引起孩子的逆反心理，适得其反。

培养孩子的同理心

孩子缺乏同理心，就会变得任性、自我。想要改变这一情况，父母就要积极培养孩子的同理心。

比如，平时多和孩子一起玩"转换立场"的小游戏，即针对某一具体的事情问孩子"如果你是妈妈 / 老师 / 别的小朋友，你会怎么办？"引导孩子站在别人的立场上思考问题，培养孩子的同理心。

另外，也可多为孩子提供和同龄人互动、交往的机会，如邀请同社区的小朋友来家里玩，和孩子一起招待他们；节假日多带孩子外出，鼓励孩子和同龄人交流等。在孩子与同龄人互动的过程中，父母要引导孩子多考虑他人，改掉以自我为中心的思维模式。

抚平孩子的逆反情绪

孩子的逆反情绪让父母苦恼不已，哪怕和孩子苦口婆心地讲道理，孩子也总是顶嘴、不服气。想要改变这种情况，父母就要及时对孩子进行引导，积极与孩子沟通，抚平孩子的逆反情绪。

孩子逆反与不当的教养方式有关

孩子在成长的过程中出现逆反心理是正常的，毕竟随着成长，孩子的自主意识会逐渐增强，他们的反抗意识也会逐渐增强，希望获得一定的选择权、主动权和支配权。但如果孩子的逆反心理越来越严重，父母首先要反思自己的教育方法是否出现了问题。

有的父母在与孩子相处时太过于随意，不尊重孩子的独立人格，很容易激发孩子的对抗情绪；有的父母打着为孩子好的旗号粗暴严厉地管教子女的言行，孩子心中的不满与委屈日益积聚，便变得越来越不服管教；有的父母过于强势，平日生活里习惯于控制子女的一切，却总是忽视孩子内心的真实想法，从而严重影响亲子关系，造成孩子行为叛逆；有的父母对孩子期望过高，孩子百般努力后仍旧达不到，在父母的责备下，他们往往会用逆反行为来掩饰内心的无助……

可见，孩子产生逆反情绪很多时候都是由于父母的教养方式出了问题，这需要引起父母的重视。

如何抚平孩子的逆反情绪

孩子逆反情绪严重，会对亲子关系造成很大的影响。那么，父母该如何抚平孩子的逆反情绪呢？可参考如下建议。

❀ 时常与孩子沟通，并调整沟通方式

有的父母在与孩子相处的时候，总是以命令的口吻要求孩子做这做那，却忽视了孩子内心的真实感受，时间久了，孩子慢慢就会关闭心扉，用唱反调的方式去反抗父母。

这种情况下，想要抚平孩子的逆反情绪，父母就一定要学会与孩子平等地交流、沟通。比如，改变说话的语气，令自己的语调更柔和、充满关爱；改变和孩子说话时的姿态，蹲下来与孩子目光对视，温柔

地凝视孩子；对孩子的倾诉适时给予回应，并提出自己的建议供孩子参考；等等。

❀ 孩子的事情要与孩子协商做决定

孩子学习、生活上的很多事情，不管是每日的着装、饮食，还是给孩子报兴趣班等，最好和孩子商量着做决定。这时候，父母要耐心倾听孩子的想法，然后向孩子说明自己的想法，陈述利弊，再和孩子一起协商做决定。总之，父母不要强迫孩子做自己不乐意做的事，而要平等地与孩子协商。

想要抚平孩子的逆反心理，父母就要及时调整自己的教养方式，付出比以往更多的关爱和耐心，如此才能帮助孩子顺利度过叛逆期。

帮助孩子戒掉游戏瘾

孩子沉迷于电子游戏，将带来一系列危害，面对这种情况，父母要加强亲子沟通，并采取科学有效的方法去帮助孩子戒掉游戏瘾。

孩子沉迷游戏的原因与危害

现实生活中很多孩子之所以对电子游戏上瘾，除了本身自制力差、难以抵抗游戏的诱惑外，还存在更深层次的心理因素。比如，孩子在成长过程中缺少父母的关心与陪伴，于是通过玩游戏的方式去填充内心的空虚感，久而久之便形成了游戏瘾。

电子游戏所带来的轻松与愉悦感是无法长久维持的，孩子过度沉迷其中，首先会影响身体健康，导致视力下降和身体免疫力下降等；

其次，往往会对现实生活失去探索的兴趣，不愿意出门与人交际，甚至产生厌学的心理；另外，有些游戏充斥着暴力、恐怖等元素，很可能会对孩子的三观塑造造成不良影响。

可见，沉迷游戏将严重影响到孩子正常的身心发育，阻碍孩子的健康发展。因此，父母一定要正视游戏瘾带给孩子的危害，并采取有效的手段去帮助孩子戒除游戏瘾。

这样做，帮助孩子戒掉游戏瘾

❀ 用孩子喜欢的游戏建构起沟通的桥梁

父母想要走进孩子的内心世界，不妨对孩子喜欢玩的游戏进行一番研究，了解游戏吸引孩子的原因，这样就有了更多的话题去与孩子交流、沟通，促进沟通的有效性。与孩子交流的时候，既要与孩子畅谈玩游戏的快乐，更要适时与孩子探讨过度沉迷于玩游戏的危害。

当父母像朋友一样和孩子聊起他喜欢的事情的时候，孩子对父母的信赖也在无形中加深，也更容易收纳父母所提出的建议。

❀ 就玩游戏的时间与孩子约法三章

孩子喜欢玩游戏，一时半会儿很难戒掉这一习惯，父母与其"堵"不如"疏"，与孩子约法三章，规定好玩游戏的时间。但是需要注意的是，网络游戏质量良莠不齐，父母一定要与孩子一起挑选一些高质量的、利于孩子的大脑发育、适合孩子玩的游戏。

具体玩游戏的时间父母要根据自家孩子的现实情况自行决定，最好是既不耽误孩子的学习又能在一定程度上疏解孩子的学习压力。

转移注意力，培养其他兴趣

父母还可以通过转移孩子的注意力、开发孩子其他兴趣的方法来帮孩子戒掉游戏瘾。比如，带孩子参加一些户外活动，如跑步、踢球、放风筝等，鼓励孩子学一门乐器或学绘画、书法、跳舞等，这些活动都有利于孩子放松身心、增长孩子的见识、锻炼孩子的意志力，将孩子从电子游戏世界拉回现实。

心灵寄语

　　随着年龄的增长，孩子每天在接触新事物的同时可能也会出现各种各样的问题，比如孩子可能会因为生活环境的改变而产生焦虑情绪，或生起虚荣心、攀比心，孩子的脾气可能会变得越来越大，还可能因为沉迷于电子游戏而影响学习成绩，等等。

　　如何面对、解决这些问题，成为父母必须慎重对待的事情。作为父母，要施展爱的教育，协助孩子解决成长的烦恼，引导孩子朝更好的方向发展。

第三章

自信的孩子自带光芒

每一个家长都希望自己的孩子阳光自信，但孩子的自信并非天生就有的，而是需要后天在父母有意识地引导和培养下慢慢形成。

父母要善于发现孩子身上的闪光点，认可孩子、赞美孩子，如此才能让孩子逐渐建立自信、保持自信、释放自信，进而成为阳光向上的人。

孩子为什么会不自信

很多父母发现，自己的孩子有时候会表现得不自信，但又不知道该如何帮助和引导孩子。其实，在帮助和引导孩子之前，父母要先了解孩子不自信的原因，这样才能更有针对性地帮助孩子。

也许是外界的声音打击了孩子的自信

生活、学习、社交环境对孩子的自信具有重要的影响作用。当孩子表现出不自信时，父母要关注孩子是不是受到了外界环境的影响，孩子的周围是否出现了一些不和谐的声音。

与成人、青少年相比，儿童的语言、动作、思维等处于发育不成熟的阶段，因此在做一些事情时很容易出现做不好的现象，如吃饭时将饭掉得到处都是，阅读时容易丢字、多字，写字时笔画顺序往往会错乱，在做题时往往读不懂题目要求等。

如果父母没有足够时间或耐心允许儿童"犯错"，那么可能会忍不住数落孩子。而无休止的唠叨会让孩子有一种自己犯错误了、无论怎么努力都做不好的错觉，长此以往，就可能导致孩子不自信。

此外，如果父母总是有意或无意地对孩子做出负面评价，总是说孩子"整天毛毛躁躁的""东西总是乱丢乱放""一边学一边玩，永远做不好""不是读书的料"等，会让孩子潜意识里认为自己不够优秀，也不可能成为优秀的人，丧失自信，最终真的成为父母所说的那种人。

在学校中，如果孩子总是得不到同伴和老师的认可，也会变得不自信，并且会失去持续学习、社交的积极性和主动性。

不愉快的经历会导致孩子不自信

对于儿童来说，不愉快的经历可能会影响他的自信心。这里所说的"不愉快的经历"主要是指儿童受挫的经历，长期受挫，且无法正确面对挫折，会让儿童陷入不自信的深渊。

儿童在成长过程中会遇到各种各样的困难和问题，但由于儿童缺乏自我发现问题和解决问题的能力，在面对困难和问题时往往会不知所措，而且很多敏感的儿童还会下意识地回顾自己经常失败的经历。这些不愉快的经历会让儿童陷入自我否定和怀疑中，从而不再敢于尝试，变得谨小慎微、不自信。

需要说明的一点是，让孩子受挫的诱因可能与成人所想象的不太一样，在成人看来完全不值得沮丧和伤心的一件事可能会成为压倒孩子自信的一座大山。例如，心爱的卡片找不到了，刚画好的画作不小心沾上了颜料，刚拼好或摆好的积木坍塌或摔散了，一个单词抄写了十遍还是会默写错等，这些事情在大人看起来或许微不足道，但在孩子眼中却是很重要的事。

所以，父母应正视和尊重孩子对受挫事件的看法或感受，尝试与孩子沟通，让孩子表达对某件事情"做不好""总失败"的感受和看法，及时安慰孩子，引导孩子发现问题，让孩子重拾信心。

发现孩子身上的闪光点，
并加以赞美

赞美让人喜悦和自信，来自父母和老师的赞美会有效提高儿童的自我肯定和评价水平，让孩子悦纳自己，充满自信。

每一个优点，都应该赞美

父母应该有一双善于发现的眼睛和一张毫不吝啬说出赞美之词的嘴巴，当发现孩子在做某件事情时表现出良好的思维方法、性格特点、行为模式或习惯性操作时要及时赞美孩子，为孩子身上的优点感到高兴、欣慰，积极表达对孩子的赞赏。

作为父母必须充分认识到的一点是，与成人相比，孩子的各方面经验和能力有限，对成人来说很轻易就能做到的事情，对孩子来说可能比较难，所以不要用成人的标准去要求孩子，要考虑孩子所在年龄段的能力大小。当孩子能努力做好一件事情时，如孩子独立穿脱衣服、整理房间、按时吃饭和睡觉，孩子完成了一件不错的手工作品、书法作品，孩子能在早晨主动起床而不赖床，在放学回家后主动写作业、字迹干净整洁等，都要抓住时机赞美孩子。

进步再小，也值得赞美

俗话说："积少成多。"孩子的自信是一点一点积累起来的，自信的积累源于孩子自身的点滴进步，也源于父母一次次的赞美。

当孩子学会一项新的本领时，会有一种自我成就感，这种成就感能促使他们建立信心。在此基础上，如果父母能肯定他们的进步，那么他们的自信心会更加稳固。

父母在观察孩子的过程中，应重点关注孩子当前状态和之前状态的对比，孩子当下的努力和尝试只要和上一次比有进步，就值得肯定、值得加以赞美。

赞美不仅是孩子自信的源泉，还是良好亲子关系的催化剂，因此父母一定不要吝啬对孩子的赞美。

让孩子感受到你的赞美

用赞美来帮助孩子建立自信时，父母要让孩子能感受到你对他的赞美。具体来说，就是用孩子能看懂、听懂、感受到的方式来表达你对他的赞美。

例如，摒弃华丽、拗口辞藻的堆砌，用朴实、直白的话语去赞美孩子。如果父母不善于言辞表达，也可以给孩子一个大大的拥抱或者用微笑、点头、肯定的目光来表达你对孩子的赞美。相信孩子感受到你的赞美后，一定会信心倍增。

教 养 智 慧

这样说，孩子更自信

父母在赞美孩子时，不要只是简单地说"你真棒""真优秀"，要尽量"夸得具体"，这样孩子会更清楚你"赞美的内容"，努力的方向会更明确。以下话语希望能给你带来启发。

●"宝贝，你的后背挺得真直，坐姿真好。"

●"你写的横真直，看来你完全掌握了'横平竖直'的写字秘诀了。"

●"你今天吃饭时没有说话，果然吃饭比平时快了好多呢！"

●"遇到不会的字主动查字典，而不是喊爸爸妈妈帮忙，真是个自立自强的小大人。"

让孩子做力所能及的事情，
并给予认可

科学的教养方式是引导而非包办孩子的一切，让孩子做力所能及的事情能培养孩子的自强、自理、自立的能力，提升孩子的自信心，为孩子的成长助力。

引导孩子做力所能及的事情

孩子通常有较强的探索欲，父母应给予孩子探索和尝试的机会，引导孩子去做一些具有挑战性的但通过努力可以完成的事情，这样孩子就会从中获得成就感，从而提升自信心。

在孩子完成力所能及的事情的过程中，父母一定要相信孩子，对孩子保持足够的耐心，不要急于帮忙（语言提醒或代替孩子做），让孩子自己独立完成整件事情。

在孩子完成力所能及的事情之后，父母要及时进行点评，注意点评要侧重好的方面的罗列、陈述，对孩子表示肯定和认可。此外，在认可之余提出改进方法和建议，鼓励孩子此后再次尝试。

哪些事情是孩子力所能及的

孩子的成长发育是循序渐进的，父母在引导孩子做力所能及的事情时，要清楚地了解孩子不同年龄阶段的能力大小，不要让孩子挑战远远超出他能力范围之外的事情，这样不仅不能提升孩子的自信心，还会使孩子产生挫败感。

那么，究竟哪些事情是孩子力所能及的呢？这里简单汇总整理了日常生活中孩子在不同年龄阶段力所能及的一些事情，供家长参考。

表 3-1　儿童不同年龄阶段力所能及的事情

儿童年龄阶段	力所能及的事情
1 岁	自己吃饭
2—3 岁	穿上衣、袜子
4—5 岁	使用筷子
6—7 岁	整理衣柜、书包
8—9 岁	择菜、洗菜、打扫房间
10—11 岁	洗头
12—14 岁	做凉拌菜、拼盘

及时肯定孩子的良好行为

在日常生活中，父母要及时肯定孩子的良好行为，这样一方面会使孩子备受鼓舞，自信心增强，另一方面会培养孩子的良好行为，对孩子未来的成长和发展大有裨益。

儿童行为常见类型

儿童的行为有很多种，大体可以分为以下几种：

日常生活行为：主要是与儿童生活相关的日常行为，如语言表达、饮食、作息、运动等方面的行为。

学习行为：进入学龄期后，儿童的学习行为会逐渐增多，父母应重视孩子正确学习行为的养成，通过培养坚持阅读、练字、主动做作业、勤思考等行为，来提高孩子的学习力。

社交行为：儿童社交行为主要表现为和同龄人、老师、陌生人等的相处方式，以及相处过程中所表现出的友好或不友好的行为。

肯定好行为，重复好行为

父母在与儿童相处过程中，如果发现儿童表现出在生活习惯、品德、学习等方面的良好行为，应及时给予肯定，并鼓励孩子重复良好行为。

大众普遍认同的"21天养成一个好习惯"正是对"肯定好行为，重复好行为"的经典概括。当良好的行为能持续较长时间时，这种良好行为就能成为一种自然而然的习惯。

具体来说，当孩子有良好的行为表现时，父母要及时给出肯定评价，有意识地引导孩子不断重复这些良好行为，直到良好行为成为儿童在生活、学习中能够自发坚持的行为，如此，孩子便收获了良好的行为习惯。

儿童时期是孩子良好行为培养的重要时期，这一时期，良好的行为习惯如果能形成并持续伴随孩子，将使孩子一生受益。

教 养 智 慧

发现孩子不良行为背后的心理需求

不同的行为能表现儿童的心理需求和对事物的认知水平。当孩子表现出一些不良行为时，父母先不要急于指责孩子，应找到孩子不良行为背后的原因，然后对症下药。

孩子常见不良行为及原因归纳如下：

● 幼儿过度黏人、依赖家长：可能是父母陪伴的时间少，缺乏安全感。针对这种情况，父母应表达对孩子的重视和爱。

● 儿童说脏话：可能是想引起他人的关注。针对这种情况，父母可以向孩子指出说脏话是不好的行为，引导孩子改正。

● 儿童突然变得不受约束、叛逆、打砸东西：可能是父母近期对孩子的关注度不够，希望得到父母的关注。针对这种情况，父母应多关注孩子的需求，多陪伴孩子。

让孩子有自己做选择的机会

每一个孩子都是一个独立的个体，他们终究要独立、自强。所以，父母应充分尊重孩子的意愿，不要急于代替孩子做决定，让孩子有机会去自己思考并做出选择，进而培养孩子独立自主的能力，提升孩子的自信心。

忍住替孩子做选择的冲动

很多父母喜欢凡事亲力亲为，代替孩子做决定、做事，父母这样做的原因大致有两个，一是父母对孩子缺乏足够的信任，认为孩子年龄小、能力不足，无法正确选择，于是凡事都由自己决定和包办；二是父母对孩子没有足够的耐心，认为孩子思考、犹豫需要花费很多时间，还不一定能够做出适宜的、正确的选择，于是干脆替孩子做选择和决定。

无论上述哪一个原因，都会在很大程度上影响孩子独立思考的能力，会让孩子变得凡事过分依赖他人、不善思考、没有主见、缺乏自信，而这对孩子的智力和能力发展都是非常不利的。

引导孩子做出选择

当父母决定让孩子拥有选择的机会时，就要正确引导孩子进行选择，不要变相干预或否定孩子的选择。引导孩子做出选择，这里有以下几点建议。

鼓励孩子进行选择，引导孩子克服困难

当父母发现孩子对一件事情表现出极大的热情，却又犹豫不决时，可以和孩子进行交流，鼓励孩子进行选择。例如，孩子想要给家里的小宠物喂食，却又不敢靠近时，可以假装自己现在很忙，询问孩子愿不愿意帮你给宠物喂食，请求孩子的帮助，在确保安全的情况下鼓励孩子勇敢做出尝试的决定。

在与孩子交流过程中需要注意的是，要透露请求、鼓励之情，如对孩子说"你愿意帮我，我真是太开心了""小猫咪够不到，宝贝你可以把食物放得离它再近一些"等，万不可对孩子说出"瞧你胆子那么

小""多大点事儿，看你吓的"这种负面的话语。

当然，如果孩子表现出强烈的抗拒情绪时，一定不要逼迫孩子去做他不喜欢的事。

❀ 尊重孩子，让孩子有选择的空间和权利

现实生活中，有很多父母看似把选择权给了孩子，事实上，只不过是父母营造了一种让孩子选择的假象。

比如，现在的父母大都非常重视孩子的综合素质发展，会给孩子报舞蹈、书法、音乐、绘画、棋类等兴趣班。但在让孩子选择兴趣班内容时，家长心中其实已经做好了决定。当孩子的选择不符合父母的预期时，父母会"帮孩子分析"他的选择是如何"考虑不周"，直到孩子做出符合父母意愿的"正确选择"。

父母在给孩子创造选择机会的同时要做好迎接孩子的选择结果的准备。有时候，孩子的选择并不符合父母的预期，有很多选择带来的结果都是未知的，充满了不确定性。这时，不要急于否定孩子，不妨让孩子去落实他们的选择，去践行选择，在这个过程中，也许孩子和父母都会有所收获。

❀ 合理建议，正确引导

给孩子选择的机会和选择的自由，并不代表放任不管，如果孩子在选择中面临困难，父母应给予合理的建议和正确的引导。

父母凡事都替孩子做选择，以及凡事都不过问，都是不可取的。父母应与孩子保持弹性距离，当孩子需要自主选择时，信任他们；当他们需要选择指导时，帮助他们。只有这样，父母与孩子才能保持良好的亲子关系，孩子才会变得自信、有责任、有担当。

允许孩子犯错

"人非圣贤，孰能无过。"每一个人的成长都不是一帆风顺的，难免会犯错，难免会走一些弯路。因此，父母要允许孩子犯错，并帮助孩子改错，这样才能让孩子勇敢、自信、有担当。

做孩子成长的见证者

陪伴和参与一个生命的成长，是一件浪漫而又伟大的事情。父母是孩子成长最好的见证者，应认真扮演好这个角色。

现实生活中，很多父母对孩子要求严苛，不允许孩子犯错误，但重压之下只会培养出一个胆小、懦弱、不自信的孩子。

有些父母要求孩子吃饭不能掉一个饭粒、考试不能出现一次失误、说话不能出现任何纰漏……这显然是不可能的，即便是成人，也不可能凡事做到万无一失，又何况是孩子呢？

孩子受与年龄相关的智力发育、认知水平等各种因素的限制，会不可避免地犯错，这是他们成长路上必须要经历的事情，父母应正确面对。

父母要适当地允许孩子犯错，鼓励孩子犯错之后重新尝试，见证孩子重新出发的勇气和努力之后的成长，而不要揪住孩子的错不放，一味地打击、贬低、逼迫孩子。

做孩子成长的引路人

当孩子犯错后，不要急于责骂和否定孩子，以免让孩子对父母产生畏惧，丧失自信。

面对孩子所犯的错，父母要及时给予孩子引导，帮助孩子认识错误、分析错误，找到解决问题的正确方式和方法，帮助孩子改正错误，并避免日后再犯同样的错误。

父母要建立正确的育儿观和是非观，让孩子知道哪些错误是不能犯的，一旦犯错就要承担相应的后果。

拒绝与其他孩子做比较

将自己的孩子与别人家的孩子进行比较，是很多父母会做的事，这种行为不仅会打击孩子的自信心，还会破坏亲子关系，不利于孩子的健康成长。

事事比较，只会伤害孩子

父母在将自家孩子与别人家的孩子进行比较的过程中，大多只会关注自家孩子的不足，甚至会评价自家孩子"技不如人""一无是处"。事实真的是这样吗？父母真的是想全盘否定孩子吗？显然，并不是。

父母渴望孩子优秀，于是总是希望孩子能向优秀的孩子看齐，但结果往往是用错误的方式伤害了孩子。

一些聪明的父母，会客观地观察、陈述不同孩子在同一件事情中的表现，并关注到自己孩子身上所表现出的优秀特质，进而肯定这些优秀特质，鼓励孩子继续保持优秀特质，以取得更大的进步。

反之，一些父母总是纠结于为什么自己的孩子不能像其他孩子那样优秀，总是过度关注自己的孩子身上的缺点，甚至还会将孩子的缺点放大、增加，并将自己的负面情绪强加到孩子身上，进而对孩子造成伤害。

父母事事都要拿自己的孩子同其他孩子比一比，事事都要争个高低，实际上是父母的功利心和虚荣心在作祟，也可能是父母将自己在生活、职场中的压力转嫁到孩子身上的表现。

作为父母，应时时自省，不要拿孩子与其他人做比较，要善于发现孩子身上的闪光点。

教 养 智 慧

充分认识比较给孩子带来的伤害

很多父母总是不自觉地用自己孩子的短处去和其他孩子的长处相比，而且乐此不疲，把吐槽和打击孩子当成"激将法"，殊不知，这样的"激将法"并不科学，而且往往适得其反。

这样的"激将法"可能会对孩子造成如下伤害。

● 使孩子否定自己，产生自卑心理。

● 打击孩子的积极性和主动性，使孩子产生消极情绪，变得消沉，凡事容易自暴自弃。

● 使孩子缺乏安全感，形成过分讨好型性格，容易被他人误导或诱惑，不利于其健康成长。

● 破坏亲子关系，导致孩子出现怨恨和叛逆心理。

因此，父母一定要尊重孩子、善待孩子，不要轻易将自己的孩子与其他孩子做比较，更不能以"一己之短比他人之长"故意打压孩子。

肯定孩子的努力，激发孩子的自信心

父母要以平常心去看待孩子的成功与失败，要树立正确的人生观和价值观，不要让自己和孩子陷入比较的深渊，不要一看到孩子不够优秀就认为是孩子不努力，而要充分肯定孩子的努力，看到孩子的优点，从而激发孩子的自信心，让孩子健康快乐地成长。

对于孩子的提问，要认真对待

提问是探索和求知的体现，爱提问的孩子大都是善于发现问题和思考问题的孩子，认真对待孩子的提问，能使孩子始终保持探索欲和求知欲，有助于促进孩子的智力发展和自信心的培养。

提问是孩子求知的良好表现

孩子的认知能力有限，对周围事物充满好奇，为了更进一步认识事物，会向家人，尤其是父母提出各种各样的问题，这是孩子具有强烈求知欲的表现。

当孩子进入问题探索的敏感期时，可能会不断提问，而且父母在给孩子解释问题后，孩子又会不断问出新的问题。对此，父母要保持足够的耐心，即使不能马上回答孩子的问题，或者问题有些复杂不知道该如何回答孩子的问题时，也要给孩子积极的回应，认真对待孩子的提问，而不能毫无理由地回绝孩子或对孩子的问题听而不闻，更不能粗暴训斥孩子不该提问。

鼓励孩子提问，和孩子一起讨论

作为父母，应重视孩子提问习惯的培养，鼓励孩子提问，并和孩子一起探讨问题，寻找问题的答案。父母鼓励孩子提问，具体可以从以下几方面着手。

首先，观察孩子当下的状态和其周围的环境，引导孩子去观察、关注某一个事物或现象。父母可以尝试用语言去客观描述一个事物的状态（如天空中有一道彩虹）、正在发生的变化（如水壶正在冒气），进而引导孩子提问与思考。

其次，对孩子的提问表示肯定，赞美孩子发现问题的习惯和能力。如"观察得真仔细，竟然发现了妈妈都没有注意到的问题呢"；又如，给孩子一个大大的拥抱，并说"提的问题居然难倒了爸爸，真了不起"。

再次，和孩子一起讨论他的问题。如他为什么会提出这样的问题，是怎么想到的呢？他觉得这个问题的答案应该是什么？一起验证孩子对问题的猜测等。

最后，偶尔也向孩子提问，让孩子在你的提问中思考并发现新的问题，进而引出孩子的提问。

总之，只要孩子敢于提问、善于提问，父母都应该认真回应，和孩子一起去探索问题的答案。

不妨偶尔让孩子当当家

让孩子当家，能够增强孩子的自信心，培养孩子综合能力与素质，更有助于增进亲子关系，是一种非常智慧的教养方法。

大胆放手，不妨让孩子学当家

每个孩子都是一个独立的个体，随着孩子年龄的增长，孩子掌握的技能越来越多、收获的书本或生活经验逐渐丰富，孩子想"做主"的欲望会变得越来越强，一些孩子会对父母的管束表现出抵触。

父母让孩子学会当家做主，是对孩子能力和成长的肯定，会在很大程度上满足孩子感受自我变化与成长的心理，增强孩子的自信心，同时能改善亲子关系，营造良好的家庭氛围。

此外，孩子不可能永远在父母的保护下生活，总要学会自立自强，让孩子学当家有助于促进孩子多方面能力的发展。

表 3-2 儿童常见当家事项与能力发展

当家事项	能力发展
负责检查关灯、关水龙头情况	让孩子树立责任意识，懂得节约能源
负责家里的卫生管理	养成良好卫生习惯，让孩子懂得尊重他人的劳动成果
家人周末活动安排	锻炼孩子的统筹能力、领导能力
照顾弟弟妹妹、辅导弟弟妹妹作业	培养孩子的细心、耐心，提高孩子的助人能力、学习力
安排家人的一日三餐	培养自理能力，让孩子懂得感恩
一日家庭财务管理	提升归纳能力、统筹能力，增强理财意识
一日管家	增进亲子关系、提升责任感、增强自信

小事让孩子当家，大事全家商量

家庭对孩子的身心健康成长具有非常重要的影响，良好的家庭氛围和亲子关系有助于孩子健康快乐成长。

民主、轻松、愉快的家庭环境对孩子的健康成长是非常有利的。越来越多的父母开始在家庭环境中关注孩子作为个体对家庭的重要性，小事让孩子当家，大事全家商量，能有效提高孩子在家庭中的参与感，增强孩子的家庭主人翁意识。

心灵寄语

　　父母是孩子最好的老师，父母的教养观念、教养态度，对孩子的身心发展有重要的影响。

　　父母应该尊重孩子、爱护孩子，积极鼓励孩子、发现孩子身上的优点，肯定孩子的能力和行为，允许孩子大胆尝试、积极探索与发现，给孩子充分的自由，增强孩子的自信，提升孩子的综合素质与能力，为孩子创造良好的成长空间。

　　相信在父母正向、阳光的教养下，孩子一定会变得优秀、出众、闪闪发光。

第四章

激发孩子的潜能，让孩子未来可期

每一个孩子都是独一无二的个体，他们有着独特的天赋和才能，如果父母能够发掘孩子的潜能，孩子的未来就将充满无限可能。作为父母，怎么做才能激发孩子的潜能，让孩子拥有一个美好的未来呢？

　　父母在教育孩子的过程中，要有意识地培养孩子独立思考的习惯，保护孩子的好奇心，塑造孩子的专注力，培养孩子的想象力与创造力，让孩子的思想自由地飞翔。

让孩子独立思考，培养孩子的思维能力

擅长独立思考的孩子对事物有着自己独特的理解和想法，他们往往更有主见。从小培养孩子独立思考的习惯，有助于拓展孩子的思维能力，让孩子终身受益。

孩子学会独立思考十分重要

孩子学会独立思考不仅会让孩子进入良性循环状态，还有利于今后的学习和生活，更能够提升孩子的创新能力。

❀独立思考会让孩子进入良性循环状态

俗话说："针越用越细，脑越用越灵。"孩子长期不思考，很容易产生思维惰性，久而久之，就会更加不愿意去思考。

而如果勤于思考，则大脑就会越用越灵，孩子的理解能力、解决问题能力等都会增强，从而自信心增加，并从思考中感受到快乐。这能够让孩子进入一种良性循环状态，让孩子更加乐于思考。

❀ 独立思考有利于孩子今后的学习和生活

孩子学会独立思考，能够拓展自己的思维能力，这对孩子今后的学习和生活都十分有利。

孩子进入学校，开始系统地学习各个科目的知识，这些知识不仅内容多而且有很强的逻辑性。能够独立思考的孩子往往能够举一反三，更快地理解所学内容，更好地消化吸收知识点，从而减少学习压力，让学习更加轻松。

孩子学会独立思考，能增强思辨能力，这对孩子以后的生活也有诸多益处。如今，网络上的信息鱼龙混杂，新一代的孩子们从小接触网络，每天都能获取大量信息，如果没有独立的思考能力，就会被网络上的各种信息所淹没，无法从中识别真实、有益的信息。

❀ 独立思考有利于孩子提升创新能力

孩子学会独立思考后，会更愿意探究事物的本质，凡事会多问几个为什么，这有利于孩子打破传统思维，提升创新能力。

创新，是一个民族进步的灵魂，是一个国家兴旺发达的不竭动力。

思考能力是创新能力的基础，从小培养孩子的思考能力，有助于提高孩子未来的创新能力，无论是对孩子自身还是对整个民族或国家都大有裨益。

如何培养孩子独立思考的习惯，提升孩子的思维能力

那么应该如何培养孩子独立思考的习惯，提升孩子的思维能力呢？作为家长，可以从以下几个方面着手。

🌸 允许孩子有不同的想法

父母在陪伴孩子的过程中，常常按照自己的意愿和想法来教育孩子，并希望孩子能够按照自己的想法来执行。殊不知，过于服从会影响孩子独立思考的能力。因此，父母在平时教育孩子的过程中，不能一味地要求孩子服从自己，而应允许孩子有不同的想法，给予孩子更多的自主权和选择权，让孩子可以根据自己的想法做出选择。例如，在买衣服和玩具时，让孩子根据自己的喜好来选择，出去游玩时，也可以让孩子表达自己的想法。

父母应对孩子多一些包容和理解，允许孩子有不同的想法，久而久之，就能培养孩子独立思考的能力。

用启发式提问打开孩子思考的大门

提问可以引起孩子思考，家长在陪伴孩子的过程中，多用启发式提问，能够开启孩子思考的大门。孩子一旦开始思考，就会产生将问题解决的心理需求，从而产生更加深刻的印象。

例如，在雷雨天看到电闪雷鸣时，可以提问孩子："为什么我们先看到闪电，再听到雷声呢？"父母的提问，可以启发孩子进行思考，即使孩子无法通过思考得到正确答案，也会唤醒孩子的求知欲，养成独立思考的习惯。久而久之，孩子看到其他现象也会多问几个"为什么"，独立思考能力自然能够渐渐增强，孩子的思维方式也会发生相应改变。

不要过度帮助孩子，让孩子独立解决问题

一些父母觉得孩子小，没有能力解决问题，或者嫌孩子做得慢、做不好，于是代替孩子完成。殊不知，父母过度帮助孩子会让孩子失去自己解决问题的机会，同时也失去思考的机会。

想要培养孩子独立思考的习惯，父母就要适时"放手"，让孩子自己解决问题。孩子在自己解决问题的过程中会开动脑筋、不断思考、想出解决方法，这样不仅会开拓孩子的思维，还有助于增强孩子的自信心。父母在这个过程中需要做的，就是信任孩子、鼓励孩子，并为孩子提供必要的帮助。

保护孩子的好奇心，唤醒孩子的求知欲

作为一个崭新的生命，孩子对万事万物都充满了好奇。而孩子对事物保持好奇心，就能激起他们内心探索的欲望。父母需要做的就是保护孩子天生的好奇心，唤醒孩子的求知欲。

孩子的好奇心难能可贵

孩子的好奇心是与生俱来的，好奇心促使孩子探索世界，了解世界；好奇心激起孩子内心的渴望，让孩子对事物产生兴趣；好奇心促使孩子学习，发现未解之谜。

充满好奇心的孩子遇到难题时，不仅不会退缩，还会感到兴奋，迎难而上；充满好奇心的孩子以求知为乐，把学习看作是一件快乐的事情；充满好奇心的孩子对世界了解得越多，认知半径就越大，他们未来的人生和成就也就越大。

孩子的好奇心难能可贵，它能唤醒孩子内心的求知欲，在好奇心的驱使下，孩子会爱上学习、爱上探索，世界在孩子的眼中也变得更加有趣且充满挑战性。

因此，父母要做的就是保护孩子的好奇心，唤醒孩子内心的求知欲，让孩子在好奇心的驱使下自由地探索和发现。

保护孩子的好奇心和求知欲，杜绝以下行为

孩子拥有了好奇心，就拥有了求知的欲望。父母虽然都想要保护孩子的好奇心，但在教育孩子过程中却没有意识到一些不当做法可能会扼杀孩子的好奇心。

❀ 没有耐心回答孩子的提问

孩子处于一些生长敏感期时，常常会向父母提问，"这个是什么？""这个是为什么？"父母一开始也往往能够耐心解答。但随着孩子的成长，问题也变得越来越刁钻，"为什么天上只有一个月亮？""为什么天上的云会跟着我一起跑？"这时，一些父母因为无法回答孩子的问题开始变得不耐烦，他们会说，"你怎么有那么多为什么？""这个你不需要知道。"

父母不耐烦的态度让孩子感受到自己的提问不受欢迎，内心也会对自己的提问产生疑惑："我是不是不该有这么多问题？"久而久之，孩子就会把问题埋在心里，不再去探索问题背后的答案。

❀ 无法包容孩子的一些破坏性行为

孩子在探索的过程中有时会出现一些破坏性行为。例如，为了了解机器人为什么会动，一些孩子会把机器人的零部件拆得七零八落，最后拼不起来。一些父母对孩子的这种"破坏性"探索行为无法容忍，认为孩子太淘气。其实，孩子的这种行为正是好奇心驱使的。面对这样的孩子，父母可以多一些包容，如果能够再恰当地给予一些正面的引导和鼓励，孩子或许能大有作为。

❀ 阻止孩子探索父母认为危险或不卫生的事物

一些父母过分关爱孩子，不让孩子玩攀爬、团泥巴、捞鱼等游戏，担心有危险、不卫生。无形中，孩子探索的领域被父母所限制，久而久之，孩子的好奇心也会逐渐降低。

其实，在孩子喜欢探索的年龄，父母应尽可能地提供条件，让孩子尽情探索各种新鲜事物。父母如果觉得泥巴不卫生，就告诉孩子泥巴不能放到嘴里，孩子玩完以后再带孩子清洗干净双手；父母如果觉得攀爬架有危险，就为孩子做好安全措施，在保护好孩子的前提下，让孩子尽情探索。

教养智慧

这样做，激发孩子的好奇心和求知欲

如果孩子缺乏好奇心和求知欲，平时对什么事情都不感兴趣，可以尝试使用以下几种方法激发孩子的好奇心和求知欲。

● 当孩子提出问题时鼓励孩子自己探索问题的答案，而不是直接给出标准答案。

● 鼓励孩子去探索和感知外部环境。

● 当孩子进行了大胆尝试时，父母及时给予肯定和鼓励。

● 带孩子充分接触大自然，拓宽孩子的视野。

为孩子插上想象的翅膀，
提升孩子的想象力

孩子的思维活跃，他们的想法往往天马行空、异想天开。保护孩子的想象力，能够提升孩子未来的创造力。

想象力是创造力的源泉

艺术家凭借着丰富的想象力创造出无数不朽的艺术作品，美食家凭借着丰富的想象力烹饪出无数新奇的美食，科学家凭借着超凡的想象力创造出无数令人惊叹的发明，各行各业的工作者想要出色地完成任务，都离不开创造力。

想象力是创造力的源泉，正是因为人类具有丰富的想象力，才能不断发明创造，推动社会的进步和发展。从某个角度来说，是人类的想象力决定了人类的未来。

　　每个孩子都是天生的想象家，保护和培养孩子的想象力能够让孩子的未来充满无限可能。

如何培养孩子的想象力

　　孩子的想象力是丰富无穷的，作为家长，在保护孩子想象力的同时，还要有意识地培养孩子的想象力。具体可以从以下几个方面着手。

❀ 多进行亲子阅读

　　父母想要培养孩子的想象力，可以多与孩子进行亲子阅读。在进行阅读时，父母不要急于告诉孩子故事的后续发展，而是让孩子猜一猜后面可能发生什么，从而增强孩子的想象力。

❀ 鼓励孩子编故事

　　让孩子根据眼前的事物编故事也是很好的培养孩子想象力的方法，而且这项活动随时随地都可以进行。例如，当去自然博物馆时，可以让孩子想象一下，如果这里的动物突然都复活了，会发生什么事情？

带孩子体验丰富的生活

想象建立在体验之上，孩子只有经过丰富的生活体验，才能让想象更加丰富。因此，父母要带孩子体验不同的生活，拓宽孩子的视野，激发孩子的想象力。

教 养 智 慧

这样问，更能启发孩子的想象力

向孩子提问题是很好的培养孩子的想象力的方式之一。一些父母常常不知道如何向孩子提问，以下一些提问技巧希望能给你带来启发。

●对已经发生的事情进行假设性提问。例如，"如果你今天早晨迟到了，学校大门锁了，你会怎么办？"

●对正在发生的事情进行假设性提问。例如，"如果现在不去公园，还能去哪儿？"

●对未来可能发生的事情进行假设性提问。例如，"如果你将来想成为一名教师，你现在可以做什么？"

●对一些反事实的事情进行假设性提问。例如，"如果你像蜘蛛一样有八只眼睛，你希望它们长在哪里？"

塑造孩子的专注力，让孩子一生受益

专注力强的孩子做事时往往能专心致志，不会被外界所干扰。专心致志、一心一意的品质不仅让孩子高效吸收知识，还能让孩子高质量完成任务。从小塑造孩子的专注力，能让孩子一生受益。

专注力对孩子的重要性

专注力对孩子十分重要，具体体现在以下几个方面。

其一，保持较强的专注力，能够让孩子思维更敏捷。当孩子对一件事情保持专注时，他的注意力处于高度集中状态，在这种状态下，孩子的思维更加敏捷，能够更快速地吸收知识。

其二，孩子保持较强的专注力，可以提升记忆力。孩子保持专注时，对关键信息的提取能力增强，并且对信息的记忆更加深刻，因此记忆力也会增强。

其三，孩子保持较强的专注力，有助于进行深度学习。保持较强的专注力，有助于孩子对事物进行深入探索，学习时效率更高，更有质量，有助于深度学习。

总之，专注力为孩子带来诸多好处，专注力强的孩子做事更容易成功，同时让孩子更加自信。

如何培养孩子的专注力

孩子保持专注力具有诸多好处，那么父母在日常生活中应该如何培养孩子的专注力呢？

❀ 让孩子做自己感兴趣的事

孩子在做自己感兴趣的事时，往往能够集中注意力，表现出高度的专注力，各方面的能力都能在此时得到发展。因此，父母要发掘孩子兴趣，支持和鼓励孩子做自己感兴趣的事，以此培养孩子的专注力和其他能力。

❀ 让孩子处于稳定的情绪中

孩子处于生气、愤怒等情绪中时，是无法专注做事的，对此父母要引导孩子调节情绪，让孩子处于稳定、良好的情绪中，进而培养孩子的专注力。

🌸 不要打扰或打断孩子的注意力

一些父母常常以"为孩子好"的说辞来干扰孩子、打断孩子正在做的事情。比如，孩子在拼图时问孩子："想不想去打球？"或在孩子学习时为孩子递送零食等，打扰或打断孩子会让孩子的专注力遭到破坏。

🌸 不为孩子准备太多玩具，以免分散孩子的注意力

一些父母疼爱孩子，为孩子准备各种各样的玩具，殊不知，种类繁多的玩具会分散孩子注意力，孩子玩会儿这个，玩会儿那个，反而无法保持专注。父母可以一次只拿出一到两个玩具，跟孩子一起探讨多种玩法，这样孩子能够更加专注于眼前的玩具，渐渐养成专注的习惯。

激发孩子的创造意识，
培养孩子的创造力

创造力是人类所具有的一项综合性本领，人类凭借着创造力推动着社会的进步。孩子是世界的未来，孩子的创造力影响着未来人生的发展。

要知道，每个孩子都拥有创造力

伟大的人物凭借着创造力开创一个时代，但创造力并不只属于某个成功人士，每个人都拥有创造力。在日常生活和工作中，这种创造力无时无刻不在发挥着作用。妈妈在清晨准备的一顿不同于往日的早餐，爸爸对工作的一个新想法，都是创造力的体现。

每个孩子都拥有无限的创造力。在孩子的画作中，长着翅膀的房屋、拥有多个眼睛的怪兽等都体现着孩子的创造力。在孩子玩耍的游戏中，也能看到孩子创意的火花。如果仔细观察，就能发现几个孩子在一起时常常能够根据所处的场景制定游戏背景和游戏规则，他们玩起过家家游戏时能够利用身边的一切东西（如树枝、树叶、花瓣等）作为道具，并且玩得兴高采烈，这些都是孩子创造力的体现。

父母要知道，每个孩子都具有创造力，都拥有无限的潜能，父母要做的就是激发孩子的创造意识，培养孩子的创造力。

如何培养孩子的创造力

孩子拥有了创造力，就拥有了无限可能，那么父母在日常教育孩子的过程中，应该如何激发孩子的创造意识呢？

鼓励孩子自己探索

孩子好奇心强，常常有很多问题，当孩子向父母提问时，父母一方面要积极回应，鼓励孩子提问，另一方面，要保护孩子的好奇心，鼓励孩子自己探索寻找答案，而不是直接给孩子一个标准答案，这样可以让孩子在探索的过程中激发创造意识，提高创造力。

❀ 经常向孩子发问，并鼓励孩子说出不一样的答案

日常生活中，父母可以根据实际情况向孩子发问，例如，"为什么会出现这个现象？""产生这个现象的原因是什么？"孩子在被提问时，会集中注意力来思考，在这个过程中，孩子产生的新想法就是他的创造力的体现。

一些问题没有绝对的标准答案，父母在教育孩子的过程中要允许和鼓励孩子说出不一样的答案，因为孩子口中不一样的答案正体现了孩子的智慧和创造力。父母对孩子的鼓励能够正向激励孩子的创新意识，让孩子敢于创新，并乐于创新。

❀ 鼓励孩子寻找多种解决方法

无论是在学习还是生活中，父母都可以有意识地鼓励孩子寻找多种解决方法，以此来培养孩子的创新意识。例如，在计算数学题时，鼓励孩子一题多解；做家务时，鼓励孩子想办法做得又快又好。

心灵寄语

孩子是一张白纸，天生对这个世界充满了好奇。孩子的好奇心会引起思考，在思考的过程中，孩子发挥想象力和创造力，专注地认识世界和改造世界。

父母在陪伴孩子的过程中，想要激发孩子独立思考、创造力等各方面的潜能，就要做到适当放手，给予孩子自由成长的空间。

父母不能对孩子的事情全权包办，而应采用合理的方式适时地引导，让孩子自己思考和探索解决问题的方法，在这个过程中，孩子的各项能力都能得到提高。从小注重孩子能力的培养，努力激发孩子的潜能，孩子将来才能大有可为。

第五章

培养孩子的品格，让孩子更优秀

优秀品格决定美好未来，良好的品格让孩子受益一生。

感恩、包容、谦逊、积极向上、诚实守信、自律、有责任心等，这些品格都是孩子成长路上必不可少的良好品格，父母应有意识地培养孩子的这些良好品格，为孩子的美好未来奠基。

让孩子有一颗感恩的心

感恩是一种优秀的个人品格，是一种美德，是一种大智慧。教会孩子懂得感恩，是父母的责任，也是家庭幸福的基础。

感恩之心，应感恩什么呢

感恩，即对外界所给予的、自己所获得的恩惠表示感激。懂得感恩的人，心存善念，受人尊敬。

人人都应该怀有感恩之心，且感恩之心要从娃娃抓起，父母要重视对孩子感恩之心的塑造。那么，具体来说，孩子应该感恩什么呢？

感恩自然的阳光雨露，提供赖以生存的环境。

感恩父母，赐予生命、呵护成长。

感恩亲人带来的亲情的温暖。

感恩老师的谆谆教导，传道、授业、解惑。

感恩同学、同伴和朋友在成长之路上的帮助和陪伴。

感恩农民、工人、军人、警察、消防员、医护人员等，他们让人们衣食无忧、安居乐业。

感恩自己的努力付出和成长路上的收获。

……

总之，面对自然的馈赠、他人的善施，都应该感恩。一切美好的事物，都值得被感恩。

培养孩子感恩的心

让孩子有一颗感恩的心，就要从日常生活的点滴开始，要以身作则，并用行动践行感恩。

❀ 教孩子感恩，从日常表达开始

父母在与孩子的日常相处中应重视感恩的表达，当这种表达成为习惯时，孩子的感恩也会成为自然而然之事。

当需要孩子帮自己拿某件物品时，要用"请"来寻求帮助，当孩子施以帮助之后，要及时跟孩子说"谢谢"。

当孩子主动做了一件照顾家人的事情，如在妈妈洗完脸后帮妈妈拿毛巾，当爸爸回家时主动给爸爸准备拖鞋，父母要及时赞美孩子的这些良好行为，对此表示感谢。可以是语言称赞，也可以是微笑、点头、拥抱等肢体赞扬。

无论是语言还是行为，培养孩子感恩之心，应从日常点滴做起。

在孩子面前勇敢表达感恩，不吝啬任何一个表达感恩的机会，就一定能在孩子心中播下一颗感恩的种子。

❁ 教孩子感恩，父母应以身作则

父母是孩子最好的老师，教会孩子感恩，父母应以身作则、言传身教。

比如，要想孩子感恩父母，父母应善待和感恩自己的父母；父母在为人处世过程中，经常对他人说"谢谢""辛苦了""不好意思"等，能让孩子感受到父母对他人的尊重，感受到父母对他人时间、精力和劳动成果的尊重。这样，可以让孩子在潜移默化中也学习到父母感恩的态度和行为。

❁ 邀请孩子一起，用行动践行感恩

在恰当的时候，父母可以邀请孩子和自己一起用行动表示感恩、践行感恩。

例如，邀请孩子在春节时为家里的每一个成员制作一份新年礼物，感谢家人过去一年的陪伴、照顾和理解；邀请孩子在植树节一起种树，

表示对地球妈妈的感激；在母亲节、教师节制作卡片，表示感谢和敬意；在国庆节和孩子一起做手工、画手抄报，表示对祖国母亲的感谢；等等。

父母感恩的行动，可以促进孩子心怀感恩、传承感恩。

让孩子学会包容

包容是一种智慧和美德，懂得包容的孩子有一颗宽容的心，也拥有更好的人缘。作为父母，应从小培养孩子包容的个性，开阔孩子的心胸，让孩子获得幸福感和美好的人生。

学会包容，提升孩子的幸福感

通常来说，懂得包容的孩子，能够知足常乐，不容易产生嫉妒、抱怨等负面心理，这有助于提升孩子的幸福感。

父母都希望自己的孩子健康快乐成长，而让孩子学会包容，是孩子保持良好心态、寻找生活乐趣的基础。如果孩子整日陷在嫉妒、抱怨、愤怒等负面情绪中，看不到生活中的美好，缺少朝气和活力，对他们的生长发育是不利的。

因此，父母要让孩子学会包容，让孩子将更多的时间和精力花费在生活中那些美好的事情上。

要让孩子学会包容，具体可以从以下两个方面做起。

一方面，正面引导孩子，给孩子讲述包容的含义和具体做法；带孩子观察和认识不同的人、事、物的特征，了解周围人、事、物的不同，充分认识到世界是丰富多彩的；引导孩子从多角度看待事物和他人，学会设身处地体会他人的感受，增强孩子的共情能力，让孩子学会宽容待人。

另一方面，通过反面教材给孩子警示，父母可以通过引用成语、新闻报道中的反面事例来告诫孩子，如果不懂得包容，凡事只想着自己，就会让身边的朋友和家人远离自己，这是非常糟糕的事情。

包容他人，也悦纳自己

很多父母在教育孩子学会包容时，往往会只强调孩子对他人的包容，而忽视孩子自身的感受。其实，包容不仅是一种与他人相处的态度，也是一种自处的态度。

父母在引导孩子包容他人的同时，也要引导孩子悦纳自己。当孩子不小心犯了错误时，要教会孩子学会善待自己和谅解自己，不要妄自菲薄、一蹶不振，要学会放下过去，总结经验，重新出发。

一个懂得善待自己、悦纳自己的孩子，一定是一个积极向上、心理健康的孩子。

教 养 智 慧

包容不是毫无底线的纵容

这里需要特别提醒父母的是，在让孩子学会包容的同时，也要帮孩子分清包容不等于纵容，这一点非常重要。

父母应向孩子说明，当孩子在遭受他人实施的一些恶意的伤害性行为时，要勇敢反抗，而不要一味容忍和纵容。如果孩子不能完全理解包容与纵容的不同，父母应向孩子列举具体的事例进行进一步的解释说明，以帮助孩子理解。

关于孩子不应纵容的事项，这里简单举例，见表5-1。

表5-1 儿童不应纵容的常见事项

	他人故意撒谎、不讲诚信
他人	他人的冷嘲热讽、辱骂、孤立行为
	他人的殴打、身体伤害行为
	赖床、熬夜、作息混乱
	挑食、暴饮暴食，贪食不健康食物
自己	毫无节制地玩耍、看手机、看电视、打电子游戏
	做作业拖拉、拒绝写作业
	不讲卫生、拒绝运动等

父母应教会孩子，面对他人的不良行为，要大声说"不"，警告施暴者立刻停止当下的动作和行为，并及时寻求父母、老师的帮助。而针对孩子自己的不良行为习惯，父母要告知孩子不能纵容自己，应严于律己。

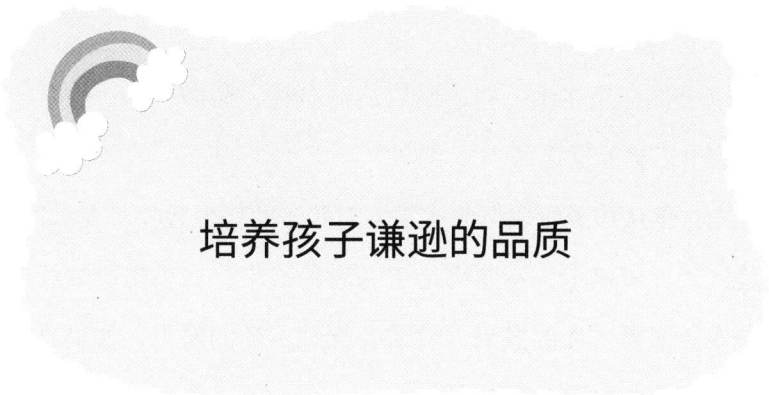

培养孩子谦逊的品质

谦逊是一个人良好的品质，让孩子懂得谦逊，有助于孩子的持久努力和不断进步。因此，父母应引导孩子养成谦逊的美好品质。

让孩子认识到谦虚是一种美德

"谦虚使人进步，骄傲使人落后。"父母应该多给孩子积极的心理暗示，告诉孩子谦虚是一个人身上所表现出来的、特别珍贵的美德，使孩子产生想要成为谦虚的人的想法和意愿。

当孩子有了"想成为谦虚的人"的想法和意愿后，要及时对孩子身上所表现出来的一些谦虚的行为进行赞扬，这样孩子就会逐渐向谦虚者应有的言行靠拢，并最终成为一个谦虚的人。

告诉孩子不要自大、虚夸

小孩子很容易在做一些事情后沾沾自喜、骄傲自大，这时，父母应及时给出正确的反馈。

首先，承认孩子所取得的成果，对孩子的努力和收获表示肯定。

其次，提醒孩子，不要满足于一时的成果，如果想要继续保持这一成果或者取得更大的成果，就需要继续不断的努力，如果自大、虚夸，很容易掉进止步不前的陷阱。

最后，帮助孩子梳理出取得良好成果的原因和方法，鼓励孩子继续朝着正确的方向努力。同时，和孩子一起总结不足，指导孩子克服困难，争取更上一层楼。

积极向上是孩子该有的样子

儿童活泼好动、充满活力，正处于良好品德和行为养成的阶段，父母要重视对孩子积极向上品格的培养，帮助孩子将来收获美满幸福、丰富精彩的人生。

创造积极向上的家庭氛围

对于孩子而言，是积极看待一件事情还是消极看待一件事情，往往受父母对生活、学习、工作的态度的影响。如果父母积极向上、充满正能量，则孩子通常会保持积极向上的处事态度；如果父母整日消沉、抑郁、沮丧，那么孩子往往也会变得悲观、消极。

因此，父母在孩子面前要注意自己的言行，减少抱怨，多采用积极、正面的词汇与孩子进行交流。在积极乐观的家庭中成长起来的孩子，也会保持积极向上的品格。

让孩子品尝收获的果实

鼓励孩子积极向上并不是一句口号，父母应让孩子真正认识到积极向上的好处，让他们从积极向上中收获成功与喜悦，如此孩子才有积极向上的内驱力。

父母可以给孩子适当安排一些具有一定难度，但孩子通过自身努力可以完成的事情。如给孩子一周的时间，让孩子练习跳绳直到一次跳绳能连续完成180个；陪孩子坚持做一件事情，在做事情的过程中偶尔示弱，寻求孩子的帮助，和孩子相互鼓励完成这件事。这会让孩子产生极大的成就感。

通过让孩子充分体会努力的艰辛、成功的喜悦，以此来激发孩子积极向上、努力前行。

教 养 智 慧

为孩子寻找优秀的榜样

在日常生活中，父母可以尝试利用讲述生动的成语故事、名人故事来让孩子明白积极向上的道理，引导孩子去思考，并向积极向上的榜样学习。这里推荐几个家喻户晓的与积极向上相关的小故事。

- "苏老泉，二十七，始发愤。"（《三字经》）苏洵发奋读书的故事。

- 匡衡凿壁偷光、祖狄闻鸡起舞的故事。

- 美国作者海伦·凯勒的故事。

- 自学成才的著名作家张海迪的故事。

- 著名物理学家斯蒂芬·威廉·霍金的故事。

诚实守信是孩子该有的品质

诚实守信是中华民族的传统美德，是一个人立足的根本，父母应该充分认识到这一点，并引导孩子成为一个诚实守信的人。

可以这样培养孩子诚实守信的品质

❋培养孩子诚信的品质，可以从小事着手

培养孩子诚实守信的良好品质，应从点滴做起，从每一件小事的态度和行为培养做起。

具体来说，父母应从小事入手，教导孩子说真话，如不经过他人的同意不随便拿别人的东西，不欺骗父母等。从这些小事开始，让孩子树立诚实守信的观念和意识，并学会区分诚信行为和不诚信行为。

从贴近孩子日常生活的小事入手，引导孩子认识诚信行为，这是孩子履行诚信行为的重要前提。

孩子只有认识到哪些行为是诚信行为，才能在日常生活中做到诚实守信，才能逐渐养成诚实守信的习惯。

❀ 答应孩子的事情，一定要做到

父母为孩子树立一个诚实守信的榜样，是帮助孩子建立诚信意识、树立诚信观念的重要教养方式。其中，最行之有效的方法就是"答应孩子的事情，一定要做到"。

首先，孩子会模仿父母的言行，如果父母是重视和践行诚实守信的人，那么孩子会以父母为榜样，在说话、做事等方面，也会表现出诚信的品质，成为一个诚实守信的人。

其次，对于孩子来说，切身的体会远比理论说教更能让他们接受，且能加深他们的理解。父母"言必信，行必果"，能在答应孩子之后兑现对孩子的承诺，就会树立榜样，增加孩子对诚信的接受度，并激发孩子也想成为一个诚实守信的人的意愿。

❀ 创建良好的亲子关系

如果父母与孩子的亲子关系不好，沟通不畅，孩子为了避免惹父母生气或避免遭受父母的惩罚，就会选择说假话、编造事实等来应付父母、逃避责任；如果父母与孩子的亲子关系良好，孩子就会愿意与父母分享自己的真实经历和感受，对父母敞开心扉，不会撒谎。

因此，父母应关注孩子的内心，关注孩子的真实想法，多与孩子沟通，善于聆听孩子的心意，满足孩子的合理需求，让孩子觉得父母是可信的、可依赖的，和父母坦诚相对。

孩子说谎一定是不讲诚信吗

撒谎是不诚信的重要表现之一，但有时候，孩子撒谎并非不讲诚信。

父母必须充分认识到，导致孩子撒谎的原因是各种各样的，如果父母发现孩子撒谎，不要轻易下定论，不要轻易为孩子扣上一个"不讲诚信"的帽子。

比如，当父母结束了一天紧张的工作疲惫地回到家中，一进门发现桌子上的纸散落了一地，自然不会有好心情。如果孩子如实说纸是自己不小心弄撒的，还没来得及收拾，大概率要被父母说教；如果孩子说纸是家里的小猫弄撒的，父母则通常不会迁怒于孩子。

显然，孩子将纸撒了一地但对父母隐瞒了这个事实，这并不是孩子不讲诚信，而是一种自我保护。

父母在为孩子的不诚信行为定性时，一定要了解孩子这样做背后的原因，客观、全面地看待孩子的撒谎行为。

具体来说，孩子撒谎的原因有很多，并不一定都是不讲诚信的表现。面对孩子的撒谎，父母要学会精准判断，找出孩子撒谎背后的真正原因。孩子撒谎的常见原因有以下几种。

- 不诚信：说话不算话，不信守承诺。
- 表述不清：孩子语言表达能力不足，做不到准确、完整地描述一件事情，让人误以为在撒谎。
- 紧张：过于紧张可能导致孩子无意说谎。
- 模仿：孩子对是非的判断能力不足，认为撒谎是一件有趣的事而模仿撒谎。
- 虚荣：孩子对自我能力判断不足，为了满足虚荣心而撒谎。
- 害怕：孩子担心受到父母或老师的责骂，而撒谎没有做某事。
- 求表扬：孩子希望得到父母或老师的表扬，而撒谎做了某事。

当然，孩子撒谎的原因有很多，并不限于以上几种。当发现孩子撒谎（无论是无意撒谎还是有意撒谎）时，父母应该先问清或调查清楚孩子撒谎的原因。

如果孩子说谎是不诚信导致的，就要向孩子阐明不诚信是一种不好的行为，可能会对自己或他人造成不好的印象、不良影响，引导孩子及时改正。

如果孩子说谎并非不诚信导致的，父母应该具体问题具体分析，帮助孩子解决当下的困惑和难题，引导孩子走出心理认识误区。

越自律的孩子越优秀

自律是一种难能可贵的品质，古往今来，凡自律者，一定会有所成就。父母应重视孩子的自律能力的培养与提高，令孩子变得越来越优秀，为孩子的光明前途打下基础。

帮助孩子认识自律的作用

自律，能给孩子带来什么？对于孩子来说，有序完成自己的任务、拥有更多可支配时间，这将是自律的孩子最直观的感受。

父母可以告诉孩子，如果他在没有人监督的情况下，依然能严格要求自己，做好自己应该做的事情，并能坚持良好的行为习惯，那么他将成为一个特别优秀的孩子，将有更多管理自己时间的自由。

当孩子意识到自己可以自主决定什么时间做什么事情时，他会对自己感兴趣的事情有美好的想象，会在很大程度上激发自身自律的欲望。

培养孩子自律的两个有效方法

培养孩子良好的作息

培养良好的作息习惯是帮助孩子树立自律意识、提高自律能力的有效方法。

父母应根据孩子的年龄特点，为孩子制订作息计划，及时提醒孩子起床、睡觉的时间到了，鼓励孩子自觉起床、睡觉，帮助孩子养成早睡早起的良好作息习惯。

当然，需要注意的是，父母要为孩子树立良好作息的榜样，不能一边要求孩子睡觉，一边自己打游戏、追剧熬夜。

教孩子制订计划，今日事今日毕

爱玩是孩子的天性，因此，大多数孩子的自律性比较差，没有自律意识，缺乏时间观念。

很多父母反映，白天提醒孩子做一些必要的事情时，孩子总是说"等一会儿"，可是，每当晚上，到了孩子该上床睡觉的时间，孩子又会说"我还没有读故事书，手工作业也没做"，这令很多父母感到十分苦恼。

父母可以与孩子沟通，让孩子把今天应该做的事情进行排序，然后给每一件事情分配时间（包括什么时候开始做和做这件事情大概需要多长时间），让孩子树立时间观念，学会管理自己的时间，做到今日事今日毕，不拖延。

不要忽视对孩子责任心的培养

责任心是人们应具备的基本素养，缺乏责任心会让一个人的人格不完善。责任心的培养应从小开始。

为孩子创造负责任的机会

责任心是一个人自觉履行任务和职责的表现，父母大都非常了解自己的孩子，可以结合孩子的喜好，引导孩子主动去对一个人、一件事、一个物品负责任，为孩子创造负责任的机会。

例如，当孩子对一种植物或一种动物特别感兴趣时，如果条件允许，父母可以询问孩子的意见，问孩子是否要在家里种植该种植物或饲养一只动物，并告诉孩子如果他同意，接下来必须负责的一些事情，让孩子在种植植物或饲养动物的实践过程中逐渐建立责任心、强化责任心。

再如，父母可以邀请孩子一起做家务，要让孩子明白，做家务不只是父母的责任，孩子作为重要的家庭成员，也应该加入对家庭卫生环境的维护当中，去承担力所能及的家务。

针对孩子的具体行为，父母应积极鼓励孩子为负责所做出的一系列正确的努力，同时对孩子不负责任的一些表现给予批评和指导。

让孩子承担必要的后果

父母应给孩子独立的成长空间，不要总是为孩子"善后"。当孩子做了错误的决定或者做了不正确的事情时，父母要让孩子承担必要的后果，这能让孩子对责任心有更深刻的认识。

如果孩子因为赖床拖延时间来不及吃早饭，那就应该承担一下饿肚子的不好感受；如果孩子因为发脾气而摔坏了家里的东西，那就应该用自己的零花钱赔付给父母。如此种种，在不伤害孩子身心健康的情况下，在孩子可承受的范围内，放手让孩子去承担他应该承受的后果，是父母对孩子未来人生负责任的表现，也是孩子对自己所作所为应付起的责任。

心灵寄语

　　父母对孩子的爱是无穷尽的，对孩子的未来充满美好寄托和希望，但优秀的人并非天生的，需要父母付出心血去教养。

　　如果父母希望自己的孩子成为一个品格高尚的人，那么就应该重视对孩子的感恩之心、包容之心、谦逊之心的培养。同时，父母要和孩子一起保持积极向上的心态、诚实守信的作风、自律的习惯和敢于负责任的勇气，让孩子在父母的言传身教和悉心教导下，逐渐成长为一个优秀的人，拥有一个精彩的人生。

　　当父母以高尚的品格滋养孩子时，孩子也必将拥有高尚的品格。

第六章

锻炼孩子的逆商，
让孩子未来的路更宽广

孩子在成长的道路上会遇到各种困难和挫折，如果孩子太过脆弱、抗压能力差、做事容易放弃，就很难有所成就。

正因如此，父母要积极锻炼孩子的逆商，提高孩子对抗挫折、失败的能力，培养孩子坚持不懈的精神，帮助孩子拓宽未来的道路。

逆商教育值得每个人关注

逆商低的孩子往往性格脆弱、抗挫折能力差，因此想要提高孩子的抗挫折能力，令孩子变得坚强、有毅力，就要对孩子实施逆商教育，着重培养孩子的逆商思维。

什么是逆商教育

所谓逆商，是指个体在遭遇挫折、打击和失败时积极应对的态度和摆脱逆境的能力。

逆商教育指的是父母在孩子成长过程中积极修正孩子面对困难时的脆弱心态，培养孩子正视挫折、战胜困难和跨越困境的能力。

逆商高的孩子一般心理素质较强，自信、勇敢、有担当，且主动、积极，遇到困难不会轻易放弃。

逆商低的孩子则往往有着这些表现：畏难，做事持续性差、容易放弃，情绪不稳定且无法摆脱负面情绪的困扰，爱发脾气等。

逆商对于孩子而言非常重要，当孩子在学习上遇到困难，在与他人的交往中遇到挫折时，都可以依靠逆商去实现情绪的平稳落地，并顽强地战胜一切波折和磨难。

因此，父母要格外重视孩子的逆商教育，积极培养孩子的抗压能力，让孩子自信前行。

逆商教育为何不可缺少

想要让孩子变得更加坚韧，就要对孩子实施逆商教育。可以说，逆商教育是孩子成长的必修课。

首先，开展逆商教育能提升孩子面对挫折时的勇气和战胜困难的能力。孩子在成长的路途中不可避免地会遭遇各种挫折和困难，父母从小就对孩子开展逆商教育，孩子的心理承受能力也会变得越来越强，解决问题的能力亦与日俱增，这样当孩子真的面临挫折和困难时，就能勇敢地去面对并积极地开动脑筋，运用科学合理的方法去战胜挫折和困难。

其次，开展逆商教育能帮助孩子客观认识自己的能力和潜力，提高自信心。孩子心智发育不成熟，对自己的能力和潜力认识不足，一旦遇到挫折便很容易沮丧，从此变得自卑、怯弱，做任何事都缺乏勇气。如果从小就注重培养孩子的逆商思维，让孩子明白胜败乃人生常事，重要的是要有坚持到底的决心和从头再来的勇气，慢慢地孩子的心态也会变得越来越积极，能够自信地面对挑战。

最后，开展逆商教育能够提高孩子的行动力，丰富和强大孩子的内心世界。孩子在畏难心理的作用下，往往不敢尝试新鲜事物，需要当机立断的时候也总是犹犹豫豫，不敢轻易做决定。而接受过逆商教育的孩子往往果断勇敢、行动力强、内心强大，哪怕身处逆境也能冷静、从容地去面对。

总体而言，逆商教育能够帮助形成孩子的健全人格，令孩子拥有正确的价值观，促使孩子变得更优秀。

如何培育孩子的逆商思维

逆商高的孩子更容易拥抱幸福人生。那么，父母如何培育孩子的逆商思维呢？

❀ 信任孩子，锻炼孩子独立解决问题的能力

想要培养孩子的逆商思维，父母就要充分地信任孩子，让孩子独立面对学习和生活上的挫折和困难。

晓宁是个9岁的小姑娘，性格十分独立，这源于爸爸妈妈从小对她的锻炼与培养。很小的时候，爸爸妈妈就要求她要独自整理自己的

玩具、房间，自己决定每天穿的衣服，爸爸妈妈只给予建议。

等晓宁上学后，虽然爸爸妈妈会耐心辅导她的功课，但是每当她在生活和学习上遇到难题，爸爸妈妈却总是鼓励她开动脑筋自己去解决。有一次，老师组织班里的学生画一幅关于大自然的美景，晓宁不会画，便央求妈妈帮她画。妈妈没有答应，却将她带到公园里玩了一天，回来后晓宁便有了思路，无须妈妈的敦促，她麻利地拿起画笔进入自己的房间去独立完成作业了。

在亲子教育中，父母越是信任孩子，积极锻炼孩子解决问题的能力，越能培养出优秀、独立的孩子。尤其在孩子面临挫折和困难的时候，父母可适当地提出建议，给予指导，鼓励孩子去独自面对、解决问题，而不要一开始就替孩子解决，那样孩子也就失去了成长的机会。

❀ 让孩子停止自我否定，改掉孩子遇事逃避的习惯

很多孩子在遇到挑战的当下，第一反应就是"我不行"，这种遇事总逃避的心态和习惯性的自我否定令孩子变得越来越脆弱、自卑。这时候，父母不要急着去呵斥孩子，这只会伤害孩子的心灵。

正确的做法是积极和孩子沟通，制止孩子的自我否定并合理地引导孩子，令孩子逐渐生起勇气。比如，在孩子逃避的当下，不妨这样与孩子沟通："宝贝，你觉得这事难在哪里呢？可以告诉妈妈吗？""你知道第一步应该怎么做吗？和妈妈谈谈你的想法。""宝贝，你可以的，上次你做得很好。"

❀ 允许孩子犯错，让孩子在纠错中锻炼逆商

逆商高的人总能勇敢地面对错误，积极承担后果，及时纠正错误。

所以，想要培养孩子的逆商思维，除了要鼓励孩子多尝试、勇敢面对挫折与困难外，还要允许孩子犯错。在孩子犯错后，父母要引导孩子主动承认错误，与孩子一起分析犯错的原因，帮助孩子纠正错误，在不断的纠错中培养担当力，提高逆商。

教 养 智 慧

逆商教育的注意事项

在进行逆商教育的时候，父母要注意以下事项。

●逆商教育要趁早。有的父母总想着等孩子长大了再进行逆商教育、再锻炼孩子的抗挫折能力也不晚。实际上，逆商教育宜早不宜迟，父母应在保证安全的前提下，尽早对孩子实行逆商教育，帮助孩子形成正确的人生观。

●逆商教育不能急。有的父母为了让孩子早一点拥有责任感，于是不停地给孩子施压，在孩子还很不成熟的时候就让他独自面对自己根本无法解决的难题和挫折，殊不知这种拔苗助长的方式只会打击孩子的自信心。对孩子实施逆商教育的时候要有耐心、有计划，要结合孩子不同的成长阶段去实施不同的教育措施。

让孩子知道，挫折不可避免且
需要勇敢面对

　　每个父母都希望孩子的一生平坦顺利，但在孩子成长的过程中，遇到挫折、遭遇失败是难以避免的事情。想要锻炼孩子的逆商，父母就要让孩子知道，挫折不可避免，需要勇敢面对，并对孩子进行挫折教育。

让孩子知道挫折不可避免

　　在个人奔赴目标、实现梦想的路途中，常常会遭遇变故、意外。可以说，挫折是人生中的常客，人的一生中总会遭遇到挫折。

　　父母要告诉孩子，在追逐梦想的过程中，遇到挫折是很正常的事，它不可避免，我们千万不能被挫折打败，更不能因此一蹶不振。

李飞近段时间成绩不佳，一直闷闷不乐，妈妈找他谈心，他却一直低着头不吭声。妈妈小心翼翼地问道："是不是因为这段时间成绩不理想，所以一直不开心？"

李飞点了点头，委屈地说道："我明明很认真地听课，努力做题，可是还是见不到成效，真是好失望……"

"遇到挫折是很正常的事。"妈妈笑着摸摸李飞的头，指着窗外的树对李飞说，"你看那棵树，从小树苗长成如今葱葱郁郁、高大健壮的样子，其间经历了多少磨炼与考验啊，有时候大风吹断了它的枝丫，有时候暴雨将它淋得浑身透湿，更多的时候烈日将它烤得树叶焦黄……"

妈妈接着说道："你也和这棵树一样，在长大的过程中也要经历风吹日晒才能成材，如今的小挫折又算得了什么呢？这是每个孩子、每棵树成长过程中必然要面对的啊。"

李飞望着窗外的树，思索着妈妈的话，逐渐明白了挫折不可避免，而且要勇敢面对的道理。

挫折是孩子成长路上必不可少的一课，在孩子经历挫折的时候，父母要引导孩子摆正心态，正确地看待挫折与困难，让孩子明白，挫折同时也是学习的好时机。

帮助孩子勇敢地面对挫折，战胜挫折

父母对孩子实行恰当的挫折教育，能加强孩子的心理韧性，激发孩子的潜能。那么，在生活中，父母具体应该怎么如何帮助孩子勇敢地面对挫折并成功地战胜挫折？

❀ 给孩子创设不同程度的困难情境

有时候，吃点苦头更利于孩子的成长。因此，父母在日常生活中不妨主动给孩子创设困难情境，教孩子正确认知挫折并增强抗挫折能力，经过提前演练，当人生更大的挫折与困难来临时，孩子也能沉着冷静地去应对。

父母在创设困难情境时，要结合孩子的具体情况去设置，比如，和孩子约定，如果想要得到心仪的礼物，必须完成一定量的家务活或者在下次的班级测验中拿到好成绩。如果孩子最终没有完成挑战，父母可以适时和孩子讲解挫折的意义，鼓励孩子再接再厉。

需要注意的是，父母不要把给孩子设置困难情境理解为故意给孩子的成长制造麻烦，否则会令孩子感到困扰，甚至产生逆反情绪。

❀ 当孩子遇到挫折时，采取"冷处理"的态度

当孩子遇到挫折时，父母不妨采取"冷处理"的态度，用行动告诉孩子，挫折是人生的一部分，不用过于在意它。

比如，在孩子遇到挫折的时候，父母不要第一反应就是批评、责怪孩子或一直长吁短叹、闷闷不乐，这样只会让孩子内心的受挫感倍增，也会在无形中放大挫折。相反，如果父母在孩子遇到挫折时采取

"冷处理"的态度，始终情绪稳定、平和，并引导孩子不要将挫折当回事，孩子的抗挫折能力也会慢慢提升。

教　养　智　慧

根据孩子的性格实施挫折教育

父母在对孩子实行挫折教育的时候，一定要在考虑孩子不同的个性的前提下采取不同的教育方案。具体介绍如下：

●面对性格敏感、内向、自尊心强的孩子，父母在实施挫折教育时，应点到为止，不需要额外给孩子设置困难情境，同时在孩子遇到难题时，也要积极给予帮助。而在帮助孩子突破困境的过程中，父母要多给予孩子鼓励与肯定，帮助孩子增加自信。

●面对乐观自信的孩子，父母在为孩子创设困难情境时，可适当加深难度，提升等级。当然，在孩子碰壁后，父母要及时帮助孩子排解负面情绪，加深对挫折的认识，带领孩子战胜挫折。

让孩子明白，坚持不懈就有可能成功

很多孩子在生活和学习中都缺乏持之以恒的精神，要么频繁地更换目标，要么对制订好的计划总是浅尝辄止，无法坚持到底。

父母要引导孩子领会坚持的力量，让孩子明白凡事只有坚持不懈才有可能成功，进而培养孩子坚持不懈的精神。

孩子不懂得坚持的结果

孩子做事若是不懂坚持，习惯性放弃，对其成长是有百害而无一利的。具体而言对学习和生活的危害体现在以下几点。

首先，孩子不懂得坚持，其学习能力会越来越差，会丧失学习的积极性。学习是长期积累的过程，依靠短期的努力是无法实现目标的。如果缺少坚持不懈的精神，那么在学习这条路上就会频频碰壁，很难取得好的学习效果。

其次，孩子不懂得坚持，做事情就会缺乏兴趣和激情。孩子在一开始可能会对各种事物充满探索的兴趣和热情，可如果他们做事总是三分钟热度，不懂得坚持，就无法从中获得愉悦感和成就感。这也使得他们形成了这样一个错误的认知：不管做任何事最后都是这种无趣的结局，还不如一开始就不要投入精力去做。

慢慢地，孩子做任何事都抱着悲观的想法，而且提不起任何兴趣，这无疑是不利于孩子的健康成长的。

培养孩子坚持不懈的精神

所谓坚持，就是要将人生视为一场漫长的马拉松比赛，而不是一次冲刺式的短跑。想要让孩子赢取这场马拉松比赛的胜利，身为父母就要想办法锻炼孩子的逆商，培养孩子坚持不懈的精神。父母可参考以下方法来培养孩子的坚持力。

❀ 让孩子懂得坚持的力量

坚持做一件事是一个枯燥的过程，如果孩子没有体验过坚持所能带来的好处，就很难发自内心地认同坚持的重要性。父母可利用或创设各种生活情境，让孩子懂得坚持的力量，从而自动自发地成长。

寒假来临前，老师特意建了一个阅读打卡群，鼓励小朋友们定期完成阅读任务，然后在群里打卡。结果假期没过几天，群里按时打卡的小朋友越来越少。慢慢地，宇帆也放弃了课外阅读。

爸爸见状，鼓励宇帆要坚持下去。为了带动宇帆，爸爸每天都会抽出一些时间和宇帆一起阅读课外书籍，互相分享阅读感受，并坚持在群里打卡。开学后，宇帆获得了老师的赞扬，这让他十分骄傲。

孩子最初可能对于坚持的意义没有太具体的认识，父母想要将孩子培养成具有很强意志力和自制力的人，首先就要带孩子感受坚持的力量。

❀ 找到孩子放弃的原因

孩子定下目标后总是容易放弃，这时候，父母别急着责怪孩子，不妨仔细观察、耐心剖析孩子放弃的原因。有时候，孩子轻易放弃是因为畏难情绪在作怪，遇到这种情况，父母要耐心地鼓励孩子，陪着孩子从头学起。毕竟万事开头难，孩子一旦渡过开始的难关，后面的路可能会变得简单、好走起来。

有时候，孩子轻易放弃是因为不感兴趣。遇到这种情况，父母不妨尊重孩子的选择，毕竟孩子如果被动去做某件事是很难坚持下去的。父母应当耐心倾听孩子的真实想法，让孩子在感兴趣的领域发展。

❀ 给孩子设置合理的目标，并科学拆分目标

无论在生活或是学习过程中，想要让孩子保持足够的耐力，就要

给孩子设置合理的目标，令孩子一步步去战胜自己的短板，突破自己的局限，取得进步。科学合理的目标有这样几个要素：清晰明确、可操作；符合孩子当下的能力；对孩子有足够的吸引力等。

如果目标模糊或超过孩子的能力，孩子实施起来很困难，自然难以坚持下去。如果目标过低，对孩子没有吸引力，孩子慢慢也会失去坚持的动力。总之，父母要结合孩子的具体情况，引导孩子设置合理的目标，并科学拆解目标，即将大的目标拆分为日常生活中的一件件具体的小任务，然后鼓励孩子一步步攻克这些小任务。

❀ 父母以身作则，感染孩子

父母是孩子学习的榜样，所以父母应具备坚持不懈的精神，并用实际行动去感染孩子，让孩子潜移默化地养成坚持不懈的态度和习惯，培养孩子的毅力和韧性。

告诉孩子，失败了可以从头再来

很多孩子在遭遇失败时，就会失去信心，选择放弃，没有重新再来的勇气。对此，父母就要对孩子进行逆商教育，引导孩子正确地面对失败，并从失败中积累经验教训，让孩子有从头再来的决心和勇气。

告诉孩子，失败是人生的常态

孩子无法接受失败，可能是因为他们将失败看得太重，甚至认为，一次失败就代表了将来不会成功。

对此，父母要告诉孩子，失败其实是人生的常态。失败了并不可怕，重要的是要有再试一次的勇气和从头再来的决心，只要努力，终会获得成功。

星星妈妈平时对女儿说得最多的一句话是"乖宝宝，我们再试一次。"无论星星遇到怎样的难题和挫折，妈妈都会鼓励她"失败了没关系，大不了从头再来"。有一次，星星的考试成绩不是很好，她难受得哭了起来。妈妈耐心抚慰她道："只是一次考试而已，说明不了什么，只要咱们将老师课堂上讲解的知识点都学扎实了，课下好好复习，下次考试时全力以赴就一定能获得好成绩。"

听了妈妈的话，星星不好意思地擦擦眼泪，下定决心要从头再来，好好学习。果然，在她的努力下，期末考试中，星星的学习成绩进步很大，获得了老师的夸赞。

孩子的人生道路很长，充满了未知的挑战。父母从小培养孩子的逆商，教会孩子用平和的心态面对失败，加强孩子心理抗压能力，等到孩子离开父母的怀抱，真正开启属于自己的人生时，他才能更成熟、从容地应对人生中的每一次挑战，也才更有可能拥抱成功。

当孩子遭遇失败，如何令孩子重拾信心

失败并不一定都是坏事，换个角度看，失败也丰富了人生的内涵，而智者亦能将失败逆转为成功。那么，当孩子遭遇失败时，父母如何做才能令孩子重拾信心，并拥有从头再来的勇气呢？

❀ 给予孩子鼓励

当孩子遭遇失败时，父母千万不要责怪孩子，这会加重孩子的心理负担，令孩子沉溺于失败的泥潭中无法自拔。

关键时刻父母要做好自身的情绪管理，更要及时给予孩子鼓励，帮助孩子驱散负面情绪，化解孩子内心的压力，令孩子拥有从头再来的勇气。

❀ 给孩子讲述名人或者自己的经历

孩子若因一次失败就闷闷不乐，始终沉溺在负面情绪中，父母可带着孩子出门散散心，在轻松的氛围中给孩子讲述一些名人从失败中奋起的经历或者和孩子谈谈自己以往战胜失败的经历。

父母在讲述的时候，可以将名人或自己从失败中总结经验教训、越挫越勇的历程尽量描述得更细致一些，这能给予孩子更多的启发。最后，再给孩子一些实用的小建议，鼓励孩子再接再厉。

❀ 和孩子一起复盘，总结失败的原因

孩子遭遇失败的时候，父母不仅要安抚孩子的情绪，还要和孩子一起复盘，找到问题，分析原因，并总结经验，制订改进计划。

比如，如果孩子在某次社交中受挫，父母不妨引导孩子展开这样的思索：为什么这一次不受欢迎？哪些话说得不合适？哪些举动不礼

貌？下一次再遇到这样的事情，应该怎么处理？如何做，才能更受其他小朋友的欢迎？

经过系统的复盘后，孩子会对自身的情况了解得更清楚。然后父母再帮助孩子制订一份科学的改正计划，帮助孩子提升自我。

总之，面对失败，父母不仅要努力提高孩子的认知水平，也要在行动上给予有力支持，帮助孩子更好地战胜困难，走向光明的未来。

教会孩子坦然面对得与失

孩子在探索世界、自我成长的过程中总会有得有失。适度的得失心能成为孩子前进的动力，而过重的得失心却会捆住孩子前行的脚步，折断孩子飞向未来的翅膀。因此，父母一定要注重得失教育，教会孩子摆平心态，坦然面对人生中的得与失。

孩子得失心重的原因

孩子若对每件事的结果都斤斤计较，过度执着于眼前的得失，未来的路就只会越走越窄。那么，导致孩子得失心重的原因有哪些呢？

❀ 只注重结果，不注重过程

在孩子成长过程中，父母总是叮嘱孩子要朝着更高的目标去努力，凡事都只求圆满的结果。渐渐地，孩子对于结果也越来越重视，无论做任何事都习惯性地预想结果，总是害怕结果会与自己的期望不一致，却忽视了努力的过程。这种情况下，孩子的得失心就会越来越重。

❀ 无法客观认识自己的能力，对自己要求过高

孩童心智发展不成熟，自我认识能力较差，这也是他们无法坦然面对得失的重要原因。尤其是那些对自己要求过高的孩子，他们在学习与生活中处处都想争第一，一旦无法实现就耿耿于怀、郁郁寡欢。这样就会严重影响他们的健康成长。

❀ 过度在意身边的人的评价

有些孩子生性敏感，十分在意别人的评价，害怕失败了会受到身边人的嘲笑、贬低，得失心也因此越来越重。

这些孩子太在意身边人的情感反馈，他们觉得"得到"了某些荣誉、成就，就会得到来自身边人的正面的情感反馈，大家也会因此而越来越喜欢他；"失去"了这些荣誉、光环，就会得到来自身边人的负面的情感反馈，大家也会因此对他不满。在这种情感渴求下，孩子的得失心会越来越重。

重视得失教育，培养孩子的平常心

得失心太重的孩子往往拿不起也放不下，做很多事情都带着强烈的目的性，而且内心也变得越来越压抑、封闭、怯懦和脆弱，这明显不利于孩子的健康成长。对此，父母要注重对孩子的得失教育，锻炼孩子的逆商，培养孩子的平常心。那么，父母应当如何培养孩子的平常心呢？

❀ 引导孩子全神贯注地投入当下，做好手头的事

当孩子得失心太重时，就会变得患得患失，做事时过分在意结果而无法集中精力做手头的事。此时，父母要引导孩子将目光从结果上挪开，努力享受拼搏、奋斗的过程。

畅畅报名参加了学校的演讲比赛，但在写演讲稿的过程中，他却怎么也集中不了注意力，他对爸爸说："我真的好想拿第一，但是又好怕输了比赛丢人。"爸爸语重心长地对他说："比赛还早呢，现在最重要的不是想输了比赛会怎么样，而是要写好演讲稿。"

爸爸的话令畅畅茅塞顿开，爸爸又向畅畅讲解写演讲稿的注意事项，畅畅听得入迷，将先前自己对比赛结果的担心彻底抛之脑后。此后的一个多月的时间里，畅畅先是顺利地写完了演讲稿，然后在每天完成功课后抽出一定的时间练习演讲，每天都过得很充实，畅畅的心态也变得越来越轻松。

到了比赛那天，畅畅发挥稳定，虽然最终只拿到了第五名的成绩，但他并不觉得遗憾。他对爸爸说："虽然这次成绩不如预期，但是我收获了很多，一点都不觉得难过，只觉得这次的努力很值得！"爸爸听了不由得对他竖起了大拇指。

❀ 让孩子学会释放压力和情绪

得失心太重的孩子往往有着很大的心理压力，情绪波动较大，若不将压力和负面情绪释放出来，孩子根本无法让心态平衡下来，也就无法从容镇定地面对得失，父母要允许并引导孩子正确地宣泄压力和情绪。

比如，在孩子因失败而难过痛哭的时候，父母静静地陪伴在孩子身边，温柔地安慰孩子。痛快地哭一场，反而有利于孩子宣泄压力和情绪。

另外，当父母察觉到孩子情绪波动大或沉溺于负面情绪的时候，就要及时疏导孩子的负面情绪。比如，和孩子一起去打打球、听音乐、玩跳棋等，用这些有趣的小活动帮助孩子放松身心。

❀ 从自身做起，让孩子有一颗平常心

父母平时也要秉持一颗平常心去看待身边的人和事物，不要过于情绪化，更不能患得患失，以免对孩子产生不好的影响。

当父母保持一颗平常心，陪伴孩子一路成长的时候，孩子慢慢也会放下不健康的竞争心态和执念，在人生的旅途中得之坦然、失之淡然，变得越来越豁达、坚强。

心灵寄语

　　孩子的逆商水平与其未来的发展息息相关，逆商高的孩子通常较为勇敢自信、积极向上，抗挫折能力和自我认知能力强，且往往有着较强的耐力和意志力，因此更容易获得成功。

　　而逆商低的孩子通常无法正确地面对挫折、失败，抗打击能力差，缺乏直面逆境、战胜逆境的勇气和能力。

　　可见，对孩子进行逆商教育是十分重要的。作为孩子成长路途中的指明灯，父母要从小培养孩子的独立性、责任心及抗挫折能力，引导孩子不断提升自己，蜕变成更优秀的自己。

第七章

关注孩子上学时的心情，
让孩子更爱上学

步入校园后，不仅要适应校园生活，还要努力学习，这对于刚踏入学校的孩子来讲，不是一件容易的事。

作为父母，应时刻关注孩子上学时的心情，了解孩子不想上学的原因，帮助孩子提高学习效率和成绩，和学校配合解决孩子在学校遇到的各种问题，让孩子在学校能勇敢社交、好好学习、更爱上学。

孩子不想上学怎么办

在学校，孩子能学到丰富的知识，能进行各种社交活动，各种能力都会得到锻炼和提高。

孩子进入学校，要独自面对并解决很多问题，这对孩子来讲是一个不小的考验。因此，一些孩子有时会产生不想上学的想法。当孩子出现这种情况时，父母首先要了解孩子不想上学的原因，然后针对具体原因进行具体分析，帮助孩子解决问题，让孩子重新爱上上学。

每个孩子不想上学的原因可能不尽相同，作为父母，要与孩子多沟通，了解孩子的真实想法。如果孩子不愿意沟通，父母可以尝试从以下几个方面分析原因，并寻求解决方法。

原因一：学习任务重。

一些孩子除了要完成学校的学习任务，还要完成父母布置的课外作业，学习任务繁重，导致孩子失去学习兴趣，不想去上学。

解决方法：

当孩子感觉学习任务过重时，说明当前的学习安排不适合孩子。一方面父母应根据孩子的实际能力进行合理安排，以校内作业为主，通过减少课外作业或家庭作业来给孩子适当减压。另一方面，父母可以帮助孩子掌握正确的学习方法，提高学习效率，让孩子能更轻松地完成学习任务。

原因二：父母为孩子制订的学习目标过高。

一些父母为孩子制订了过高的学习目标，当孩子难以达到目标时，自信心受挫，压力增大，时间久了之后，就容易产生不想上学的想法。

解决方法：

每个孩子的基础和学习能力各不相同，父母应根据孩子的实际情况合理制订学习目标。父母对孩子过高的期望无形中会给孩子带来很大的压力，所以应适当降低对孩子的期望值，对孩子在学习中出现的进步予以表扬，帮助孩子恢复自信。孩子在自信的状态下会更爱学习，学习效果也会有所提高。

原因三：家庭环境的影响。

一些父母不重视学习，也没有给孩子营造一个良好的学习氛围，这种家庭环境也会潜移默化地影响孩子，导致孩子不想去上学。

解决方法：

孩子是父母的一面镜子，家庭环境对孩子有着十分重要的影响。父母应在家中营造良好的学习氛围，父母爱学习，孩子自然也会爱上学习。

原因四：孩子自我要求过高。

一些孩子自尊心较强，自我要求严格，当没有达到自己预期的结果时，就会产生失落感，进而产生不想上学的想法。

解决方法：

孩子自我要求高是好事，说明孩子自驱力强，但是学习是一件细水长流的事情，有时孩子努力了很久可能也没看到预期的结果。所以，父母要教育孩子正确认识和对待学习，夯实基础，扎实前行，接纳自己的不足，不能因为一时没看到效果就放弃学习。

原因五：孩子无法融入集体。

孩子不想上学，可能是因为无法融入集体。孩子无法融入集体有多方面的原因。如果孩子因入学或转学刚踏入一个新的学校，作为新生对学校的环境不熟悉，而且没有朋友，就可能一时无法融入集体；如果孩子不是新生，就可能是因为在学校跟同学产生矛盾而一时无法融入集体。

解决方法：

如果孩子刚入学，对学校环境不熟悉，父母可以提前带孩子参观校园，让孩子熟悉校园环境；在周末或放假的时候，父母可以邀请班里的同学一起郊游，让孩子与同学尽快熟悉起来。相信孩子熟悉了校园环境，在学校中有了熟悉的朋友，就不会排斥上学了。

如果孩子不是新生，就要了解孩子在学校是不是遇到了什么问题，是不是与同学发生了矛盾。针对具体的问题，父母要站在孩子的角度帮助孩子分析原因，并帮助孩子寻找解决办法。要让孩子知道，他不是一个人孤立无援，他的背后有父母这个强大的后盾。当父母与孩子一起解决问题时，孩子感受到了来自父母的力量，就能更勇敢地去面对问题和解决问题，而不是以不上学来逃避问题。

教养智慧

为孩子营造良好的家庭氛围

父母的言传身教对孩子有着重要的影响，父母要为孩子营造一个良好的学习氛围，这样才能让孩子更爱上学。具体可以参考以下几点建议。

●营造适宜学习的家庭环境，为孩子准备专门用于学习的桌椅，为孩子构建学习场景。

●营造适宜读书的家庭环境，在家中设置书房或读书角，给孩子提供舒适的阅读环境。

●父母与孩子进行亲子阅读，或与孩子一起讨论书中的内容，培养孩子的阅读兴趣。

●父母经常带孩子去图书馆或书店借书或买书，让孩子感受书香气息，培养孩子爱读书的习惯。

如何让孩子遵守课堂纪律

一些孩子在上课时有很多小动作，如咬铅笔、东张西望、传纸条、与同学小声聊天等，还有一些同学虽然没有小动作，但常常发呆走神、注意力不集中等，这些都是不遵守课堂纪律的表现。不遵守课堂纪律不仅可能会影响他人，还会影响孩子的学习成绩。对此，父母应帮助孩子改掉这些不良习惯，引导孩子遵守课堂纪律、尊重老师、认真学习。

不遵守课堂纪律带来的不良影响

课堂上的时间非常宝贵，短短四十五分钟的时间，老师不仅会讲解知识，还会划分重点、难点，同时还会根据自身的教学经验，将容易出错的地方一一列出。学生只要跟着老师的思路，就可以在课堂上汲取大量知识。

而如果课堂上不遵守纪律，做小动作或走神，则无法完全吸收老师讲解的内容，课后就需要花费更长的时间来弥补，白白浪费了大量时间。

不遵守课堂纪律可能还会影响其他同学的学习，还可能因此遭到同学的疏远，影响与同学之间原本和谐的关系。

帮助孩子养成遵守课堂纪律的好习惯

孩子不遵守课堂纪律，可能是由多方面的原因造成的。父母在得知孩子不遵守课堂纪律时，不要着急指责孩子，而应先了解孩子不遵守课堂纪律的原因，然后对症下药，帮助孩子改正问题，养成遵守课堂纪律的好习惯。

原因一：孩子上课听不懂。

当孩子学习上遇到困难时，会存在上课听不懂的情况，如果孩子上课听不懂，可能就会被其他事物所吸引，从而大脑"开小差"，产生不遵守课堂纪律的行为。

解决方法：

如果孩子的课业落后，父母要想办法帮孩子弥补，让孩子尽快跟上学校的进度，这样孩子才能跟上课堂节奏，跟随老师学习。

同时，父母要帮助孩子做好课前预习工作，将不懂的知识点在预习时进行标注，课上重点听讲标注的内容，这样上课时就能分清主次，厘清重点，提高学习效率。

原因二：课堂上孩子犯困，精神不佳。

一些孩子睡眠不足，导致第二天上课时容易犯困，注意力不集中，孩子精神状态不好，自然无法遵守课堂纪律。

解决方法：

健康的身体是孩子好好学习的前提条件，保证孩子身体健康的前提就是让孩子保证充足的睡眠。孩子正处于长身体的阶段，充足的睡眠不仅利于孩子身心健康，也能保证第二天精力充沛、心情愉悦。孩子在这样的状态下更容易精神集中，从而提升课堂上的学习效果。

原因三：无意识地走神。

有时孩子也想好好听讲，但是听着听着思绪就不知道跑到哪里去了，再回到课堂上时，老师已经把重要的内容讲完了。

解决方法：

孩子有时自己也控制不住自己，会无意识地走神，如果出现这种情况，可以教孩子使用边听课边记笔记的方法，通过记笔记，调动眼睛、耳朵、手等多个身体器官，帮助孩子将注意力集中到老师的讲课内容上。

父母在帮助孩子养成遵守课堂纪律的习惯时，除了以上方法，还可以适当地使用奖励机制。例如，如果孩子一整节课都遵守纪律，则奖励孩子一个小奖品，孩子得到鼓励后，就会更努力地遵守纪律。这样就能帮助孩子提升课上学习效率，提升孩子的学习成绩，从而进入学习的良性循环状态。

孩子不愿和你说学校的事情怎么办

一些孩子不愿意将学校发生的事情跟父母说，这导致父母无法了解孩子在学校的情况。如果父母焦虑、着急，频繁地追问孩子，很可能会导致孩子更不愿意开口。针对这种情况，父母首先要了解孩子不愿意跟父母说的原因，然后才能有针对性地帮助孩子打开心扉。

孩子为什么不愿意和父母说学校中的事情

和谐的亲子关系是沟通的基础，孩子不愿意跟父母说学校中的事情，可能是亲子关系出现了一些问题，父母可以尝试从以下几点查找原因。

其一，父母过于强势。

一些父母过于强势，在孩子的学习和生活中都是父母拿主意，不听取孩子的意愿，孩子长期在父母面前没有话语权，自然就不愿意和父母交流和沟通学校的事情了。

其二，父母对孩子的陪伴太少。

一些父母由于工作等原因，没有足够的时间陪伴孩子，陪伴的缺失导致孩子和父母之间的感情疏离，渐渐产生隔阂，孩子就不愿意与父母进行沟通。

其三，父母不信任孩子。

如果孩子将学校发生的事情告诉父母，但是父母却不相信，那么下一次孩子可能就会选择不告诉父母。

其四，父母过于严厉。

如果父母过于严厉，孩子担心说出学校发生的事情会遭到父母的责备，那么孩子会选择不说。

改善亲子关系，帮助孩子打开心扉

和谐的亲子关系才能让孩子对父母无话不谈，父母要给予孩子足够的高质量的陪伴，这样才能建立和谐的亲子关系，与孩子搭建起信任的桥梁。具体执行时，父母可以尝试以下做法来改善亲子关系。

❀ 认真倾听孩子的话

父母在教育孩子的过程中，应认真倾听孩子的话，认真对待孩子的每一个问题，这样孩子的内心就会感受到父母重视自己、尊重自己、爱自己，孩子也会更加信任父母。

🌸 了解孩子，信任孩子

父母想要走进孩子的内心，就要多了解孩子，了解孩子喜爱的玩具、动画片、零食，在学校的学习情况，以及交友情况等。

父母不仅要了解孩子，还要信任孩子。当孩子告诉父母学校里发生的一些事情时，父母要选择相信孩子所说的话，这样孩子会感受到父母对自己的肯定，也就更愿意同父母交流学校发生的事情。

🌸 与孩子共情，理解孩子的感受

当孩子把自己的心情告诉父母时，父母要认真对待，站在孩子的角度去理解孩子的感受，尝试与孩子共情。孩子在失落时最需要的就是理解，父母的共情能够让孩子感受到温暖，可以迅速拉近与孩子之间的情感距离。

教养智慧

这样做，让孩子更愿意开口

父母想要让孩子主动讲学校的事情，除了需要良好的亲子关系，还需要一些沟通技巧，以下方法或许能给你带来启发。

●在孩子情绪好的时候与孩子交流。

●选择一个固定的交流时间，例如睡觉前。

●父母可以先将自己身边发生的趣事讲给孩子听，之后再让孩子讲。

鼓励孩子在校园中勇敢社交

孩子在学校的社交活动十分重要。孩子在校园中勇敢社交，不仅可以让校园生活更丰富多彩，还能让孩子收获美好的友谊，为拥有良好的人际交往能力打下基础。

孩子社交需要哪些能力

🌸 认识情绪与控制情绪的能力

在与他人交往的过程中，只有彼此感到快乐、舒适才能相处融洽。而想要实现这一点，孩子首先要正确认识情绪并能控制自己的情绪，这样才能进一步感知他人的情绪，与他人和谐地相处。

❀ 与他人共情的能力

孩子在与他人交往的过程中，要关注对方的情绪变化，体验对方的内心世界，即与对方共情，理解对方的情绪，这样彼此才能建立心灵上的联结，获得对方的认同。

❀ 表达能力

孩子在社交过程中，需要提高自己的表达能力，表达能力强的孩子可以清楚地通过语言说出自己的感受或通过肢体行为表达出自己的感受，能够让对方理解自己。

如何培养孩子的社交能力

孩子在校园中能够勇敢社交，对他们的学习和生活都是非常重要的。那么，父母在日常生活中该如何培养孩子的社交能力呢？

❀ 教会孩子必要的社交礼仪

孩子学会一些必要的社交礼仪，能够让孩子讲文明、懂礼貌、有教养，在与人交往时更受欢迎。例如，使用文明用语，别人说话时不打断对方，注意外在形象等。

❀ 让孩子学会分享和交换

在日常生活中，父母带孩子出去玩时可以多准备一些玩具或零食，让孩子与朋友一起分享和交换。孩子们在分享和交换的过程中可以建立对等互惠的社交关系，感受到快乐。

❀ 帮孩子学会控制情绪

父母在陪伴孩子的过程中，可以通过讲故事、看绘本、画画等形式，引导孩子认识自己的情绪，并教会孩子宣泄情绪以及控制情绪的方法，如通过大哭或者运动来宣泄情绪，通过转移注意力、深呼吸、数数等控制情绪。

❀ 引导孩子自己处理矛盾

当孩子与其他人发生矛盾时，一些家长担心孩子吃亏，会自己出面替孩子解决。其实家长可以趁机让孩子自己去处理问题，如果孩子没有头绪，家长可以为孩子提供一些方法或建议。

需要注意的是，每个孩子的性格不同，社交习惯也不同，虽然社交能力可以通过后天培养，但父母在教育孩子的过程中要尊重孩子的个性，不能强迫孩子。

孩子因为学习成绩不理想
而苦恼怎么办

在学校里，最重要的事情莫过于学习了，学习成绩反映了孩子在学校学习的成果。如果在学校学习成绩不理想，孩子可能会很苦恼，甚至导致上学不积极。对此，父母首先要帮助孩子分析成绩不理想的原因，然后帮助孩子提高学习效率，提升学习成绩。

找到学习成绩不理想的原因与解决方法

原因一：孩子不够努力。

一些孩子一方面想要好成绩，另一方面却又不愿意付出足够的努力，导致学习成绩不理想。

解决方法：

这样的孩子往往是因为目标不明确、自驱力不足，导致行动上不够努力。父母可以通过聊天的方式，了解孩子的志向，帮助孩子规划长远目标和近期目标。当孩子取得进步时，鼓励孩子，并告诉孩子，你离目标又近了一步，让孩子感受到自己努力带来的进步，这种成就感会激励孩子继续努力前进。

原因二：孩子学习方法不正确。

如果孩子本身已经十分努力，但是仍然无法取得理想的成绩，那可能是孩子的学习方法存在问题。

解决方法：

一些学习科目（如数学）注重理解，一些学习科目（如语文）注重记忆，因此在学习不同科目时，父母可以依据学科特点来调整孩子的学习方法。例如，学习数学时可以为孩子配合一些练习，并引导孩子不断总结；学习语文时可以引导孩子结合思维导图以及遗忘规律来进行背诵和记忆。

帮助孩子提高学习效率

除了上述方法，父母还可以从以下几点出发来帮助孩子提高学习效率。

❀ 帮助孩子树立时间观念

一些孩子做起作业来不紧不慢，看上去一直在写作业，但是效率却很低，本来半小时可以完成的作业拖到一小时才完成，白白浪费了时间。孩子出现这样的状况，可能是因为时间观念薄弱，父母可以通过下面的方法来帮助孩子树立时间观念。

首先，父母要了解孩子的作业情况；然后，根据作业的难度和多少，与孩子讨论完成作业需要的时间；最后，让孩子在一定的时间内完成作业。慢慢地，孩子就能树立起时间观念，提高学习效率。

❀ 给孩子预留娱乐时间

如果孩子在家所有的时间都要用来学习，那么他就没有学习的紧迫感和积极性。如果给孩子预留娱乐时间，并告诉孩子，只要完成作业，就可以进行娱乐活动，那么孩子就会提高学习效率，尽快完成作业。

父母帮助孩子找出学习成绩不理想的原因，并帮助孩子提高学习效率，相信孩子的成绩一定能有所提高。

遭遇校园暴力，该让孩子如何应对

近些年来，校园暴力事件时有发生，一些校园暴力事件性质恶劣，为受害儿童带来了不可磨灭的心理阴影。

所有的父母都希望孩子能够度过快乐的校园生活，但是如果孩子遭遇到校园暴力时，又该如何做才能将伤害降到最低，最大程度地保护自己呢？

将事情告诉老师和父母

老师是孩子在学校里的守护者，而父母是孩子最坚实的后盾。告诉孩子，当遭遇校园暴力时，一定要告诉自己的老师和父母，老师和父母会采取相应的措施帮助他解决校园暴力问题。

减少冲突，不要激怒对方

当孩子面对校园暴力时，父母要告诉孩子，最重要的是保护自己，让自己免受伤害。

告诉孩子，面对施暴者，不可以硬碰硬，尽量减少和施暴者发生冲突，更不要激怒对方。同时，要保持头脑清醒，争取时间，寻找机会逃离施暴者。

大声呼救，引来救援

如果对方想要实施暴力，告诉孩子不要怯懦，要勇敢大声呼救。大声呼救可以起到震慑作用，让对方心生退却，同时可能会引来其他人过来察看，从而让自己得到解救。

头脑冷静，随机应变

鼓励孩子在面对施暴者，要保持冷静，随机应变，运用智慧让自己脱离险境。例如，可以向对方透露父母或老师就在附近，还可以随机应变将对方带到人多的地方，并寻找机会呼救逃离。

除此之外，父母平时要让孩子多锻炼身体，增强孩子身体素质。孩子自身强壮后，也能减少遭受校园暴力的概率。

心灵寄语

父母是孩子的精神支柱，是孩子的避风港，是孩子遇到困难时首先想要寻求帮助的人。

孩子刚刚入学时，可能会因为各种原因不适应学校的环境，出现或不遵守课堂纪律或不想上学等各种问题，父母应以身作则，为孩子营造良好的学习氛围，鼓励孩子社交，并为孩子创造条件，让孩子尽快融入学校的集体生活。

父母应给予孩子足够的安全感，要让孩子相信父母是他们最坚实的后盾，无论孩子遇到任何难题，都可以告诉父母，与父母商量，让父母帮助解决。

第八章

源自家庭的爱，是孩子健康成长的原动力

原生家庭环境对孩子的童年影响是非常深远的，孩子的心理健康需要父母呵护和悉心引导。

家庭是孩子的避风港，父母要用心经营夫妻关系和亲子关系，用爱滋养孩子的心灵，使孩子健康快乐地成长。

为孩子营造一个良好的家庭环境

　　一棵小树苗，只有在具有良好的阳光、土壤和水分等条件的环境中才能茁壮成长。每一个孩子都如同一棵小树苗，孩子的健康成长离不开良好的家庭环境。

家庭环境，将决定孩子未来的发展

　　家庭是孩子生活和成长的地方，对孩子的影响不言而喻。家庭环境对孩子成长的影响，主要表现在价值观、生活态度、个人品质、个人能力等方面，这些方面一旦定型就很难再改变。因此，从这个角度来说，家庭环境对孩子的影响可能会伴随他的一生，会在很大程度上决定孩子未来的成就。

你一定发现过这样的现象：

书香门第多出才子，如果父母都接受过高等教育，那么他们的孩子也往往具有较高的学识，充满书生气。

世代经商的家庭中的子女们，往往比普通人拥有更敏锐的商业嗅觉和经商头脑。

出身军人家庭的孩子身上总是有一股刚毅、正义凛然的气质。

单亲家庭中的孩子往往敏感、缺乏安全感，但同时又会表现出与年龄不符的成熟稳重。

上述现象，均是家庭环境对孩子有重要影响的典型表现。

事实证明，家庭环境中的人和发生的一些事会带给孩子潜移默化的影响，这些影响可能不那么外显，但会深深地烙印在孩子的潜意识当中，并会影响他们的行为举止、人生态度，影响他们有关人生的重大决定。

父母应重视良好家庭环境的营造，切莫让家庭环境中的一些不和谐因素对孩子的人生产生不好的影响。

构建和谐家庭环境，应处理好两大关系

使家庭环境始终保持在良好的氛围中，让孩子能始终感受到家庭的温暖、温馨和父母的爱，是所有父母最朴实的愿望。

父母在营造和谐、积极向上、充满正能量的家庭环境时，应重点关注和处理好以下两大家庭关系。

❀ 夫妻关系

夫妻关系是家庭环境中非常重要的关系之一。良好的夫妻关系能让孩子感受到家人之间的爱，以及如何表达爱、分享爱，有助于孩子学会感恩、学会尊重、学会助人。

反之，如果父母之间经常争吵，或者父母一方总是批评或指责另一方，会让孩子也学会用争吵的方式来解决问题，这对于孩子的心理和社交健康发展极为不利。

❀ 亲子关系

良好的亲子关系能促进孩子与父母之间的良性交流，而不好的亲子关系则会成为孩子与父母之间沟通的"拦路虎"。

在家庭环境中，亲子关系并不是一个很好处理的关系。很多父母在面对亲子关系时有不少困惑，如对孩子严厉好还是宽松好、对孩子多表扬好还是多批评好、富养孩子好还是穷养孩子好、严父慈母好还是严母慈父好……关于这些问题，其实并没有标准答案。

父母和孩子相处时，应把握好以下三点，这样才能构建起良好的亲子关系。

第一，不贬低孩子。

一些父母错误地认为，"孩子就应该对父母唯命是从""棍棒底下出孝子"，总是抓住一切机会贬低孩子、讽刺孩子，完全一副高高在上的样子，丝毫不在乎孩子的感受，这会让孩子变得叛逆、思想狭隘，甚至出现自残、暴力行为。

父母应给予孩子足够的尊重，保持与孩子平等对话的态度，对孩子不强迫、不命令、不羞辱、不打骂。

第二，给孩子足够的私人空间。

父母应该认识到，每一个孩子都是一个独立的个体，要给孩子足够的私人空间，让孩子拥有守护自己秘密的权利。父母大可不必像一个监视器一样24小时监视孩子的行踪，这无疑会给孩子造成巨大的心理压力。

第三，少一些唠叨。

父母不要把孩子永远当成孩子来看待，要给予孩子足够的信任，相信孩子的能力。一直跟在孩子身后碎碎念会引起孩子的反感，会使孩子生活态度消极、丧失努力奋斗的动力。

总之，处理好家庭关系在家庭环境营造中至关重要。身为父母，如果能游刃有余地处理好以上两大家庭关系，那么必然能为家人，尤其是为孩子营造一个适合他健康成长的良好家庭环境。

要知道，每一个孩子都是一个独立的个体

世界上没有两片完全相同的叶子，世界上也没有两个完全相同的孩子，即使双胞胎也会在相貌、性格、爱好等方面表现出差异。每一个孩子都是这个世界上独一无二的存在。

尊重孩子

父母在家庭教育中应对自己的角色定位有清楚的认识，那就是，父母是孩子成长路上的引路人，而不是主人。

很多父母将孩子看作自己的复制品，将自己未实现的梦想强加到孩子身上，替孩子规划他们的人生，这是非常不尊重孩子的做法。

一些父母认为，孩子年龄小，凡事听从父母安排即可，而实际上，即使孩子再小，也会有自己的想法，比如每个孩子都会有自己喜欢的玩具、玩伴、颜色、衣服等。如果孩子愿意主动提出自己的想法和决定，父母应尊重他们。

尊重孩子，是父母承认孩子独立性的重要表现。一个能获得尊重的孩子，会勇敢表达自己、自信心十足、具备强大的自立自强能力。

教 养 智 慧

尊重孩子的六大方式

如何尊重孩子，尊重孩子的什么呢？简单举例如下。

●尊重孩子的想法。在做关于孩子、家庭的决定时，询问孩子的意见。

●尊重孩子的隐私。不当众谈论孩子的"糗事"；进入孩子的房间要敲门；未经同意不乱翻孩子的物品，尤其是日记。

●尊重孩子的感受。或许有些小事在父母看来微不足道，但也请尊重孩子开心或难过的感受，尝试安慰他们而非讽刺。

●尊重孩子的朋友。真诚地对待孩子的朋友，不对孩子的朋友评头论足，不说孩子的朋友的坏话。

平等对待每一个孩子

在多孩家庭中，父母总是会不可避免地在心中对某一个孩子表现出特别的喜爱，有时不能"一碗水端平"，从而让孩子受到不公平待遇。

尽管在日常生活中，父母面对孩子不可能做到绝对的公平，但是应尽量做到公平对待每一个孩子。

每一个孩子都是独一无二的，父母对孩子的爱应该是同等的，偏爱、溺爱或嫌弃、冷漠，都不利于孩子的身心健康成长。

家庭教育也要做到因材施教

每一个孩子都具有独特性，都是与众不同的，父母在面对孩子教养的问题时，要做到因材施教。

首先，不要将其他父母的教养方法照搬到自己的孩子身上。

每一个孩子都是不同的，不同的家庭环境下会培养出不同品性的孩子，他人的家庭教育方法不一定适合自己，也不一定适用于自己的孩子。父母应了解自己的孩子，根据孩子的特点选择与孩子适合的相处方式、沟通方法、教育方法等。

其次，同一个家庭中的不同孩子可能认知能力、性格特点不同，应结合孩子的不同个性与孩子相处、引导孩子。

孔子因材施教的例子能给父母们很好的启发。我国古代大教育家孔子曾经面对两个学生提出的相同问题给出了完全相反的回答。

一日，子路来请教孔子："有了想法应该马上行动吗？"孔子回答："父亲、兄长在世，你应该多问问他们的意见再行动。"子路走后，冉有也来问孔子："有了想法应该马上行动吗？"孔子回答："既然做了决定，就应该马上行动。"

一旁的公西华目睹了整个过程，感到很困惑，于是问孔子："老师，子路和冉有问了您同一个问题，为什么您给了两种完全不同的回答呢？"孔子笑着说："子路做事冲动，所以我让他三思而后行，多听一听他人的意见；冉有遇事畏缩，所以我鼓励他勇进。"

对于父母来说，没有哪一种教养方法是万能的，是可以完全照搬、套用到自己的家庭或孩子身上的，只有适合自己和孩子的教养方法，才是最好的教养方法。这需要父母关注孩子的个性特征，结合不同孩子的个性特征因材施教。

和孩子成为朋友

一般来说，亲子关系主要有四种常见类型，即放任型、专制型、忽视型、民主型。其中，民主型的亲子关系最受孩子的认可和欢迎，在这种类型的亲子关系中，父母与孩子会像朋友一样相处，平等融洽。

放低姿态，真诚对待孩子

父母适当放低姿态，让孩子感受到你对他的尊重，让孩子愿意与你进行交流。父母在与孩子相处的过程中，应多一些理解，少一些命令，与孩子平等对话，真诚地对待孩子。

保持童心，融入孩子的世界

孩子大都喜欢与同龄人相处，父母如果想要和孩子做朋友，就应该尝试用孩子喜欢的方式来认识和解释孩子所感兴趣的事物或现象。如此才能与孩子有共同语言，才能与孩子进行密切的交流。

对于父母来说，保持童心是必要的。孩子不可能以成年人的思维和认知来和父母交流与沟通，但是父母完全可以尝试用与孩子的思维和与其相似的认知水平，和孩子共同探索世界，适应和融入孩子当前或以后所面临的社会文化生活。

多一些互动和陪伴

在孩子成长的过程中，父母与孩子的互动、对孩子的陪伴，都是必要的。

首先，父母经常与孩子互动能促进孩子的多项能力的发展。

父母与孩子之间的互动方式多种多样，父母应善于与孩子进行互动。

例如，父母与新生儿的抚触（肢体互动）；父母与学说话期间的孩子的聊天互动（语言互动）；父母与叛逆期孩子的促膝长谈、拥抱（情感互动）；当孩子一件事情做得特别好时，给孩子一个肯定的眼神和微笑（微表情互动）；父母与孩子对某一问题的讨论（思维互动）；等等。

上述这些互动方式，是爱的表达方式，也能有效促进孩子的语言、智力、情感、思维等能力的发展。

其次，父母与孩子的互动能改善和增进亲子关系。

父母增进与孩子之间的互动，有助于父母与孩子的相互了解、相互理解，能让父母与孩子之间更加亲密。

此外，父母与孩子经常互动，还是一种高质量的陪伴方式，能给予孩子充分的安全感，有助于孩子健全人格的发展。

教养智慧

实用的亲子互动游戏

父母与孩子积极互动，能密切亲子关系，促进孩子运动、智力、认知等各种能力的提高。这里推荐几种实用的亲子互动游戏，供父母参考借鉴。

● 观察游戏：观察图片找不同；拼图游戏。

● 语言游戏：围绕一个词语，然后父母和孩子轮流添加词语，不断拓展词语进行造句。

● 动手游戏：每人添一笔，合作完成一幅画。

● 放松游戏：父母心中想一个数字，让孩子猜，可以给出"猜大了"或"猜小了"等必要提示。类似游戏还有猜物品、猜身体部位等。

● 运动游戏：接力小跑、传接球、青蛙跳等。

批评孩子不如倾听孩子

人们都不希望被批评，孩子也是如此。批评会让人难过、沮丧，父母应尽量避免让孩子产生这种不好的心理感受。

不要急于批评，尝试去倾听

有些父母在认为孩子做错事时，或者认为孩子在众人面前做了傻事时，往往会不问青红皂白，上前就对孩子一顿批评，这样的事情每天都在发生。

　　父母在不了解事情全貌的情况下贸然批评孩子，会让孩子不知所措，久而久之，孩子就会对父母产生畏惧心理。而且这种畏惧心理对孩子改正错误没有任何帮助，反而会使孩子变得胆小怯懦。

　　在开口批评之前，不妨先沉住气，问一问孩子做事的动机和原因，了解清楚孩子为什么犯错，是孩子的问题还是其他问题，听一听孩子内心的想法和感受，避免和孩子之间产生误会。

　　对于年龄较小、表达能力欠缺的孩子，父母应学会引导孩子，从而获得孩子真实的想法。如询问孩子"你裤子上这么多土，能跟我说一说是怎么回事吗？""这个词（脏话）你是怎么学会的，能告诉爸爸吗？""我刚才看到你的书在地上放着，它怎么了？"

　　对于年龄稍大一些的孩子，父母在询问孩子时，可以开门见山地让孩子说一说自己对这件事（错事或错误）的看法，听一听孩子希望这件事如何处理和发展。

　　批评不是目的，解决问题才是。只有当父母真正发现问题时，才能更有针对性地帮助孩子解决问题。

　　在家庭教育中，父母一定不要对一件事情的对错轻易下结论，不妨让孩子主动说，父母仔细聆听。

教 养 智 慧

警惕"踢猫效应",别让批评的怒火伤害孩子

在心理学中,有一个泄愤情绪的连锁反应被称为"踢猫效应"。关于它有这样一个故事:一位父亲受到了老板批评,回到家中把乱蹦乱跳的孩子臭骂了一顿。孩子委屈地踢了脚边的猫,猫吓得跑到大街上,街上的汽车为了避让猫撞到了路边的孩子。

现代社会工作生活节奏快、竞争压力大,很多父母在外面会遇到各种苦恼、困惑,但是千万别把这些消极情绪转嫁到孩子身上,不能无缘无故地揪住一点小事对孩子大肆批评、大发雷霆。以下建议或许能帮到你。

●进家门之前,整理心情,避免将坏情绪带回家。

●陈述孩子正在做的事,描述问题,而不直接言语攻击孩子。

●先让孩子停下正在做的事,稍后再与孩子沟通。

●避免突然地呵斥,以免让孩子因惊吓而摔坏物品或摔伤自己。

●就事论事,不翻旧账。

倾听的同时，给出建议

在倾听孩子诉说自己的想法以及做某件事情的原因时，父母可以同时给出建议，让孩子明白其中的道理。

第一，帮助孩子发现问题。明确地指出孩子所犯的错误，让孩子清楚地知道自己哪些地方做得不足或做错了，为什么做得不足和做错。

第二，帮助孩子解决问题。询问孩子有没有弥补错误的对策和方法，应该如何去弥补错误，需要做哪些具体的事情，一一罗列出来并分析措施的有效性和可行性等。

第三，帮助孩子总结经验、吸取教训。肯定孩子的自我纠错，并对孩子的想法进行补充，指出孩子未来面对相同或相似事件时，应该注意的事项和努力的方向。

可以批评，但这些话千万别说

当孩子犯错时，父母也可以适当批评，但切不可失去理智，说下列一些伤害孩子和破坏亲子关系的话。

"你看看别人家的孩子。"

"你真笨、真没用、没脑子。"

"不为什么，我说不行就不行。"

"我再也不管你了，不要你了。"

"你这辈子都没希望了。"

任何时候，都要忍住说类似话语的冲动，不要让这些话语变成伤害孩子的凶器。

引导比命令更有效

好的家庭教育能为孩子提供正确的方向、措施引导，而强制性的命令则容易遭到孩子的抗拒，会让沟通、教育变得无效。因此，父母应重视对孩子的正确引导，减少或避免对孩子发号施令。

用客观、正向的引导代替命令

在教育孩子时，父母可以通过客观、正向的引导来代替命令。

当父母希望孩子做一件事情时，可以给出指令（注意不是命令）。如孩子在做手工作业时，可以跟孩子说"我们需要一个圆"，而不是说"你在这里必须剪一个圆"。再如，父母想要孩子去完成作业时，可以说"还有一个小时就到睡觉时间了，你要不要检查下你还有哪些作业没有完成呢?"而不是说"看看现在都几点了,还一个劲玩!赶紧去做作业!"

带有命令语气的话语会让孩子有压迫感。也许有时候,孩子本身并不抗拒"剪一个圆"或"做作业"这件事,但是听到父母的命令后,可能会为了反抗而反抗。

如果父母能给出比较客观的指令,或给出正向的引导,孩子会更愿意接受父母所给的建议。

同时,当父母发现孩子不愿意配合指令时,不妨尝试改变一下自己的语气和态度,也许会收到意想不到的良好效果。

用选择代替命令

在大多数时候,让孩子做出选择要比让孩子服从命令容易得多。因此,父母可以用选择代替命令,让孩子主动去选择希望他做的事情。

比如,当孩子正在玩耍时,让他马上结束玩耍而去做不感兴趣的事情,是非常困难的,但是吃饭和睡觉的时间已经到了,必须阻止孩子继续玩下去,父母应该怎么办呢?

父母可以这样问孩子:"宝贝,你是想现在去吃饭(睡觉),还是想要5分钟以后再去呢?"无论孩子怎么选择,他都将遵从你的意愿去执行吃饭(睡觉)这件事。

同时,父母可以马上陪孩子去吃饭(睡觉),或者在过了4分钟后提醒孩子还有 1 分钟就要去吃饭（睡觉）了，请他做好准备。

　　因此，父母可以尝试多用选择去代替命令，以孩子更乐于接受的方式和他们沟通，从而督促孩子顺利完成一些事情。

做孩子的避风港，给予孩子陪伴

父母的爱是孩子健康成长的营养，是孩子不断前进的原动力，所以父母要给予孩子呵护，用心陪伴孩子，成为孩子的避风港。

分清无效陪伴和有效陪伴

现实生活中有不少父母经常这样陪伴孩子：孩子在地毯上玩积木，自己坐在沙发上和闺蜜聊天；孩子在书桌前写作业，自己坐在旁边打游戏。看似在陪伴孩子，其实这样的陪伴只是无效陪伴。

无效陪伴是指父母看似在陪伴孩子，但只是和孩子共处同一时空内，缺少与孩子的互动、交流，甚至父母正在从事的事情还可能对孩子造成干扰。这样的陪伴显然不是孩子需要的。

孩子的健康成长需要的是有效陪伴。有效陪伴是一种双向互动的陪伴。在有效陪伴中，父母与孩子有互动和交流，这样的陪伴能给孩子带来快乐、亲情和安全感。

给予孩子有效的陪伴时，父母应关注以下两点：第一，在陪伴中规范孩子的言行，为孩子起到榜样和示范作用；第二，发挥父母的引流作用，指导孩子思考、行动的方向，为孩子提供建设性的建议或意见，鼓励孩子、启发孩子。

希望每一对父母都能有效地陪伴孩子，高质量地陪伴孩子。希望父母们能做孩子坚定的支持者和守护者，成为孩子健康成长之路上的避风港，也为孩子的身心健康发展保驾护航。

值得陪孩子做的 N 件小事

现代社会，很多父母整日为生活奔波忙碌，陪伴孩子的时间非常有限。那么，在十分有限的时间里，如何高质量地陪伴孩子呢？不妨和孩子一起去做以下这些小事，去尽情享受欢乐、难忘的亲子时光。

- 陪孩子一起做游戏，如搭积木、荡秋千。
- 陪孩子一起做手工，如做叶子画、画手抄报。
- 陪孩子一起参与一项运动，如跳绳、跑步、下象棋、滑雪。
- 陪孩子聊天，如聊一聊今天发生了什么有趣、难忘的事。
- 邀请孩子一起做饭。
- 陪孩子一起阅读。

- 陪孩子一起去图书馆。

- 陪孩子一起去旅行。

- 陪孩子一起放风筝、赶海、采摘、堆雪人。

- 陪孩子看电影。

- 陪孩子看一场或参与一场比赛。

- 陪孩子看日出、日落。

- 陪孩子一起逛博物馆。

- 陪孩子参观著名的大学。

- 陪孩子给五年或十年后的自己写一封信。

- 陪孩子一起畅想未来。

- 陪孩子一起布置、装饰家居环境。

- 陪孩子一起为家人准备一份惊喜。

心灵寄语

　　幸福的家庭总是能培养出幸福的孩子，父母是孩子最信任的人，应给予孩子充分的心理依靠，为孩子创造一个良好的家庭环境，让孩子在遇到困难时能第一时间想到父母，寻求父母的鼓励和帮助。

　　来自父母的爱，是孩子成长的原动力，是治愈孩子心灵伤痛的最佳良药。作为父母，应在孩子健康成长的路上成为他的朋友、导师、引路者和伴随者。但是，未来的路终究要孩子自己去走，因此，父母还应当学会放手让孩子去探索、去感悟、去自由生长。

参考文献

[1][奥]阿尔弗雷德·阿德勒.儿童的心理成长与引导[M].朱吉亮译.北京:中国纺织出版社,2017.

[2]蔡万刚.儿童教育心理学[M].北京:中国纺织出版社,2018.

[3]柴一兵.孩子的逆商这样磨炼最有效[M].北京:北京工业大学出版社,2015.

[4]迟志臣.决定孩子一生的100个关键细节[M].北京:中国纺织出版社,2010.

[5]楚恬.7岁前妈妈决定孩子的一生[M].北京:中国纺织出版社,2010.

[6]范明丽.给孩子最好的教养:世界优秀家族教子家训[M].北京:中国纺织出版社,2016.

[7] 顾红英. 孩子的成长比成绩更重要 [M]. 北京：中国商业出版社，2021.

[8] 觉先. 儿童性格密码 [M]. 北京：中国华侨出版社，2020.

[9] 静涛. 左手爱孩子 右手立规矩 [M]. 上海：立信会计出版社，2015.

[10] 李丽. 好心情离不开心理学 [M]. 沈阳：辽宁人民出版社，2010.

[11] 李茜. 我的孩子在想啥？[M]. 成都：成都时代出版社，2011.

[12] 李群锋. 儿童沟通心理学 [M]. 苏州：古吴轩出版社，2017.

[13] 李学军. 儿童心理学 [M]. 北京：中国国际广播出版社，2017.

[14] 庞向前. 儿童情绪心理学 [M]. 北京：当代世界出版社，2018.

[15] 施芹. 好妈妈胜过好老师 [M]. 汕头：汕头大学出版社，2014.

[16] 宋柘斌. 3 岁决定孩子的一生 [M]. 北京：新世界出版社，2009.

[17] 王佳玫. 如何做不焦虑的父母：天赋教育法 [M]. 北京：电子工业出版社，2021.

[18] 王新荣. 孩子独立前你要教会他的 55 件事 [M]. 北京：北京工业大学出版社，2012.

[19] 王银杰. 儿童行为心理学 [M]. 北京：当代世界出版社，2018.

[20] 文静. 儿童心理学 [M]. 天津：天津人民出版社，2018.

[21] 文祺. 正面管教，逆商成就孩子的未来 [M]. 北京：应急管理出版社，2019

[22] 武庆新. 父母懂得如何爱，孩子才能有未来 [M]. 北京：中国商业出版社，2012.

[23] 晓丹 . 教养力：给男孩阳光教育 [M]. 北京：台海出版社，2020.

[24] 晓平 . 如何培养中学生的高效学习习惯 [M]. 北京：台海出版社，2021.

[25] 姚会民 . 做孩子的心理医生 [M]. 天津：天津科学技术出版社，2009.

[26] 赵丽娟 . 父母正思维带给孩子正能量 [M]. 北京：企业管理出版社，2013.

[27] 甘小丽 . 别轻易给孩子贴上"坏脾气"标签 [J]. 幼儿教育，2020（4）：27.

[28] 霍淑艳 . 逆商教育对孩子健全人格形成的积极性影响 [J]. 新课程，2021（22）：19.

[29] 马健文 . 四大原则培养孩子逆商 [J]. 基础教育论坛，2015（6Z）：36.

[30] 美欣姐姐 . 怎样改掉孩子做事拖拉的习惯 [J]. 小雪花（小学生成长指南），2005（Z2）：6.

[31] 牛锐，刘泉民 . 孩子爱攀比，这样来平息 [J]. 平安校园，2015（17）：26-27.

[32] 潘素萍，沙德良 . 孩子逆反心理的产生与消除 [J]. 现代家教，1999（8）：26-27.

[33] 吴华 . 挫折教育：给孩子一双坚强的翅膀 [J]. 中华家教，2007（2）：4-7.

[34] 杨丽玲 . 逆商教育不可缺 [J]. 湖南教育（D 版），2019（11）：13.

[35] 应允兰 . 别让虚荣心成了孩子成长的绊脚石 [J]. 宁夏教育，2012（2）：78.

[36] 于瑞 . 孩子没耐心，家长怎么办？ [J]. 好家长，2006（20）：24.

[37] 赵晓 . 如何缓解孩子焦虑 [J]. 幼儿教育，2022（8）：20-21.